校企合作计算机精品教材
互联网 + 教育改革新理念教材

网页美工设计

主编　夏　霍　石秀君　罗燕君

镇　江

内容提要

本书从网页美工设计初学者的角度出发，以通俗易懂的语言、丰富多彩的实例，详细介绍了网页美工设计的相关知识及应用。全书共分为8章，内容涵盖：网页美工设计基础、网页配色设计、网页布局设计、网页元素设计（上）、网页元素设计（中）、网页元素设计（下）、乐能企业网站页面设计、佳诺店铺页面设计。

本书可作为各类院校及培训机构的专用教材，也可供广大网页美工设计从业人员自学使用。

图书在版编目（CIP）数据

网页美工设计 / 夏霍，石秀君，罗燕君主编. — 镇江 : 江苏大学出版社，2018.8（2023.11重印）
ISBN 978-7-5684-0867-7

Ⅰ. ①网… Ⅱ. ①夏… ②石… ③罗… Ⅲ. ①网页制作工具 Ⅳ. ①TP393.092.2

中国版本图书馆CIP数据核字(2018)第183301号

网页美工设计
Wangye Meigong Shejii

主　　编 / 夏　霍　石秀君　罗燕君
责任编辑 / 权　研　张　平
出版发行 / 江苏大学出版社
地　　址 / 江苏省镇江市京口区学府路301号（邮编：212013）
电　　话 / 0511-84446464（传真）
网　　址 / http://press.ujs.edu.cn
排　　版 / 三河市悦鑫印务有限公司
印　　刷 / 三河市悦鑫印务有限公司
开　　本 / 787 mm×1 092 mm　1/16
印　　张 / 12.5
字　　数 / 242千字
版　　次 / 2018年8月第1版
印　　次 / 2023年11月第8次印刷
书　　号 / ISBN 978-7-5684-0867-7
定　　价 / 58.00元

如有印装质量问题请与本社营销部联系（电话：0511-84440882）

PREFACE
前言

无论是企业网站还是网络店铺，要想更好地展示企业形象或促进产品销售，都需要一套设计优秀的网页。设计优秀的网页可以给人一种吸引力，让访问者在浏览的同时，不知不觉地记住企业的品牌和产品等信息，并能感受到企业的文化和精神面貌。

本书旨在培养优秀的网页美工设计师。本书以 Photoshop 软件为工具，采用“精讲理论 + 精彩案例 + 边学边练”的编写思路，首先简讲网页美工设计基础知识，然后讲解网页美工设计中最重要的色彩应用、网页布局、网页元素设计等知识，最后通过企业网站和网络店铺的网页设计实战案例，使读者能够综合应用前面所学知识完成精彩网页的设计。

本书特色

（1）情景教学，模拟职场。本书以学生小张在学习、校企合作和创业过程中遇到的网页美工设计项目为主线贯穿全书，将“学习”“实践”“创业”巧妙地结合在一起。

（2）案例丰富，学以致用。本书案例丰富、精美、专业并富有创意。从实际应用出发，每个案例都包含“项目要求－作品展示－设计思路－案例步骤”。首先通过“项目要求”模拟真实的网页元素或网页设计需求，然后通过“作品展示”展示案例效果图，并介绍案例内容，接着通过“设计思路”分析需求，从中得出合理的设计方法，最后通过“案例步骤”详尽地讲解案例制作技巧与操作步骤。

（3）体例新颖，易教易学。本书在正文中安排了“课堂互动”“举一反三”等体例，可让学生边学边练边巩固，并活跃课堂气氛。

（4）精彩微课，辅助学习。本书为每个案例都录制了操作视频，学生只需拿手机扫描二维码，即可观看视频。

本书读者对象

本书可作为各类院校及培训机构的专用教材，也可供广大网页美工设计从业人员自学使用。

教学资源下载

本书配有精心制作的教学课件，书中用到的全部素材和制作的全部实例都已整理和打包，读者可以登录文旌综合教育平台“文旌课堂”（www.wenjingketang.com）下载。如果读者在学习过程中有什么疑问，也可登录该网站寻求帮助，我们将会及时解答。

为学习贯彻党的二十大精神，提升课程铸魂育人效果，本书专门在扉页“教•学资源”二维码中设计了相应栏目，以引导学生践行社会主义核心价值观，涵养学生奋斗精神、敬业精神、奉献精神、创新精神、工匠精神、法制精神、绿色环保意识等。

由于编者水平有限，书中存在的疏漏及不妥之处，敬请各位读者朋友批评指正。

本书编委会

主　编　夏　霍　石秀君　罗燕君

副主编　张玉伟　王明哲　李　娜

汪普庆　孙　巍　曾文华

唐晓双　徐瑞婷　许晓政

郎　玲　任海鹰

目录

第 1 章 网页美工设计基础

第 2 章 网页配色设计

第 3 章

网页布局设计

第 4 章

网页元素设计（上）

第 5 章 网页元素设计（中）

第 6 章 网页元素设计（下）

第7章 乐能企业网站页面设计

第8章 佳诺店铺页面设计

第1章 网页美工设计基础

情景模拟

网页美工是目前就业市场中很好的职业。小张是某院校的学生，他很希望学好网页美工设计这门课程，以便在毕业时能顺利地找到一份好工作，但却不知道该从哪里入手开始学习。

网页美工是一项技术性和艺术性都很强的工作。要学习网页美工设计，首先需要了解网页美工的岗位职责和所需技能，以及网页美工设计的流程和设计要点，从而有目的地学习。此外，还需要了解网页的版面构成，并通过赏析优秀的网页，对网页美工设计有一个初步的认识，从而为后续学习打下基础。

学习目标

了解网页美工的岗位职责和所需技能

了解网页美工设计的工作流程和设计要领

了解网页的版面构成元素及各元素的作用

通过赏析优秀的网页，了解不同类型网站页面的设计特点

1.1 网页美工设计概述

本节介绍网页美工的岗位职责和所需技能，以及网页美工设计的流程和要点。

1.1.1 认识网页美工

1. 网页美工的岗位职责

（1）配合项目负责人和程序开发人员完成网站（或网店）页面的整体美工创意和网页效果图设计，并对网站（或网店）的优化提出建议。

（2）负责公司网站（或网店）栏目的图片设计及更新。

（3）配合市场推广及开发人员进行商品专题推广图片和页面的设计。

2. 网页美工所需技能

（1）了解平面设计基础知识，包括色彩构成、平面构成等。

（2）了解网站和网页基础知识，包括网站开发流程和网页组成元素等。

（3）熟练掌握图像处理软件 Photoshop 的使用。

（4）掌握网页布局、网页各组成元素的设计及网页整体效果图设计等。

（5）熟悉各行业促销方式及常用图文。

（6）能与客户很好地沟通，了解客户的需求并推荐自己的设计方案。

（7）具有坚持学习的习惯，包括了解最新的网页设计理念并将其应用到实践中。

1.1.2 网页美工设计的流程

网页美工设计的流程为：需求分析→网站规划→设计网页效果图→客户反馈→切片与输出，如图 1-1 所示。

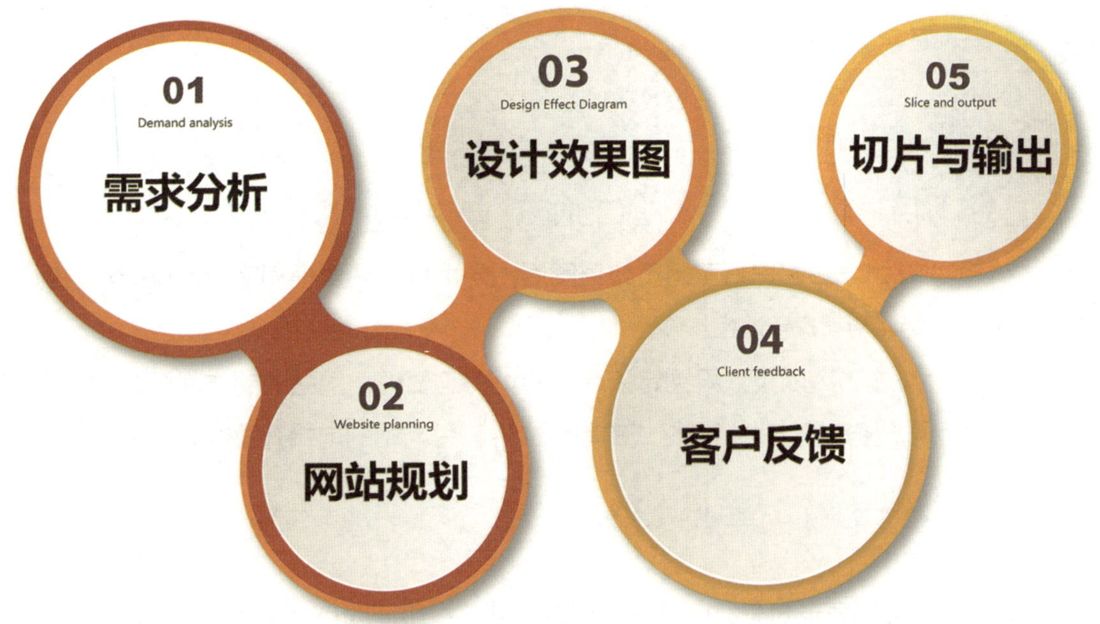

图 1-1　网页美工设计的流程

（1）需求分析。网页美工与项目负责人一起与客户沟通，了解客户的需求，并为客户提供网站建设和网页设计的参考建议。可向客户提供或让客户提供至少 2 ～ 3 个与客户需求同类的参考网站，让客户说明他对这些网站的看法，以便了解客户的意图和品味。对客户需求的细致了解和分析可让网页美工在设计时少走弯路。

小技巧

在与客户沟通过程中，由于个人喜好不同难免会有意见不统一的情况，此时不宜用专业理论或术语进行辩证。比较合理的用语是："我觉得，您提的想法很不错，只是我觉得……（尽量用对方能听懂的话）这样做的话效果会更好一些。"

（2）网站规划。一个完整的网站应具有色调合理、分类清晰、布局合理、版面美观、内容丰富、重点突出且方便浏览等特点。在设计网页之前，网页美工需要参与网站规划讨论，与相关人员一起确定网站的设计方向，完成网站方案书的制订。在讨论过程中，网页美工需要给出专业性的建议，确定网页的色调、布局等。

（3）设计效果图。网页美工根据网站规划收集素材，使用图像处理软件完成网站页面效果图的初步设计并发给客户。设计网页效果图最常用的软件是 Photoshop。

提 示

网页设计素材包括图片、动画、视频、文字等，这些素材可由客户提供或网站制作方自己收集、制作。

（4）客户反馈。在客户看了网页效果图后，网页美工需要根据客户提供的建议对设计进行修改，直到客户满意为止。

（5）切片与输出。网页效果图定稿后，网页美工要根据网站的制作需要，对网页效果图做切片处理，将其输出为相应格式的单个文件，为网站的前端开发做准备。

1.1.3 网页美工设计的要点

网页设计的最终展示对象是网站的访问者，因此在设计网页时不能“埋头苦干”，而应该换位思考，根据网站的类型和定位，将自己想象成网站的访问者来设计作品。具体来说，网页美工设计的要点如下：

（1）色调。色调如同网站的性格，不同类型的网站所使用的主色调是不同的。例如，科技类网站的主色调通常为蓝色、银色或灰色等；针对女性用户网站的主色调通常为粉色、紫色、玫瑰红等。在与客户充分沟通，了解其需求后，选择合适的颜色作为网页色调是网页美工设计的首要任务。

（2）版式。根据网站类型设计网页版式时可先忽略细节，而是首先从页面整体出发，根据需求规划各版块区域，并调整各版块的大小比例，使页面中各个版块协调融洽、重点突出、方便浏览，然后再对各版块精心细化。例如，娱乐类网站需要以图片为主导，图片所占比重较大；新闻类网站由于信息量大，应将图片与文字均等分配，图文并茂，方便浏览者阅读。

（3）创意。创意是网页设计的灵魂。如果网站页面与同类网站页面大同小异，一般不会为浏览者留下深刻印象。因此，善于思考，敢于别出心裁，多一点独创性才能赢得客户的青睐。平时的积累是产生创意的必要条件，网页美工平时应多留意设计优秀的网页，学习其版面布局和配色方案，取其精华去其糟粕，并时常练习。

（4）细节。细节决定成败。网页的一些细节可能会被浏览者忽略，但对设计师来说是绝不可放过的，如背景色、各组件间距、标题样式、图标样式、字体样式、文本间距、插图位置等。在调整页面细节上多下功夫，会使页面更加精致。

课堂互动

图 1-2 为早期的建材类网站首页设计效果，请尽可能多地指出该网页的问题。

图 1-2　指出该网页的设计问题

1.2 网页的组成

网页一般由页首、主体内容和页尾三部分组成，如图 1-3 所示，下面分别介绍。

图 1-3　网页的版面构成

1.2.1　网页页首

网页页首包含了网站 Logo 和导航栏等网页元素，一般出现在网站的所有页面中，在整个网站中占重要地位。

1．网站 Logo

网站 Logo 是一个网站的标志，代表了网站的形象，在网站的宣传和推广上起着重要的作用。网站 Logo 通常放在网站页面的左上角，也可根据需要放置在其他位置。图 1-4 所示是摆放在不同位置的网站 Logo。

图 1-4　网站 Logo

2. 网站导航栏

网站导航栏用于链接网站的不同页面，引导用户浏览网站的不同信息，如图 1-5 所示。对于内容不多的网站，可使用简洁、清晰的导航栏；综合类网站由于栏目多，信息量大，通常会将导航栏分成多行，便于访问者了解网站的内容并浏览。

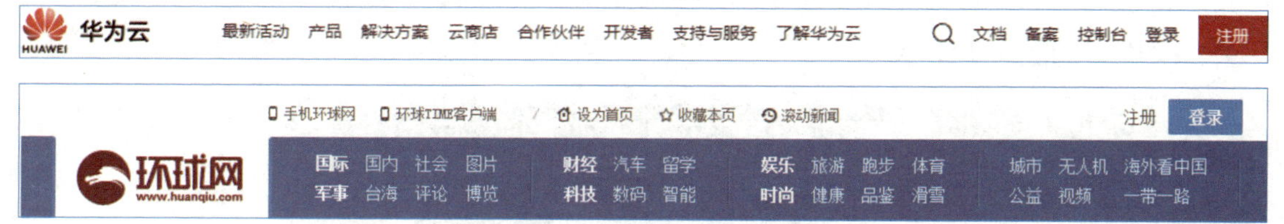

图 1-5　不同类型的导航栏

1.2.2　网页主体内容

从版面看，网页主体内容一般被分类放置在页面的不同版块中，以帮助用户快速获取所需信息，同时对网站内容起到很好的导航作用；从组成元素看，网页内容包括文字、图像和动画等元素，这些元素是网站信息输出的主要载体。

1. 图像

图像不仅能直观地表达信息内容，还能装饰网页，增加网页的吸引力，提升访问者的浏览体验。网页中的图像包括网页广告、产品图像、装饰图像、按钮和图标等。

其中，网站 Banner 是网页中尺寸最大的横幅广告，通常置于网页主体内容的顶端，并以多张图像轮播的形式出现，主要体现企业形象或主推事物，如图 1-6 所示。

此外，网页中的图像分为静态图像和动态图像两种类型。其中，静态图像主要使用 JPEG 和 PNG 格式；动态图像则为 GIF 格式。设计网页图像时应在确保图像质量的前提下，尽量压缩其体积，以免影响网页打开速度。

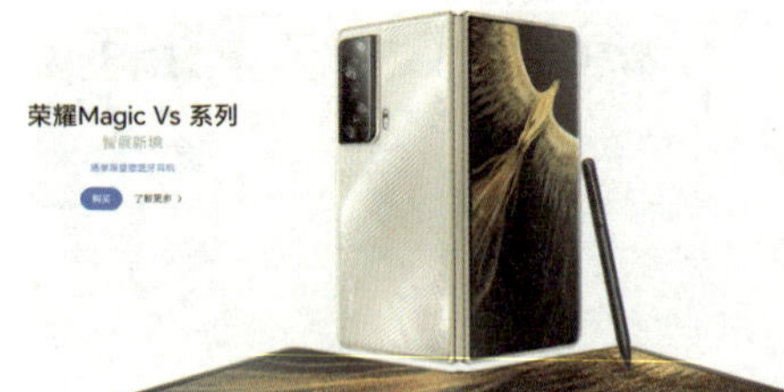

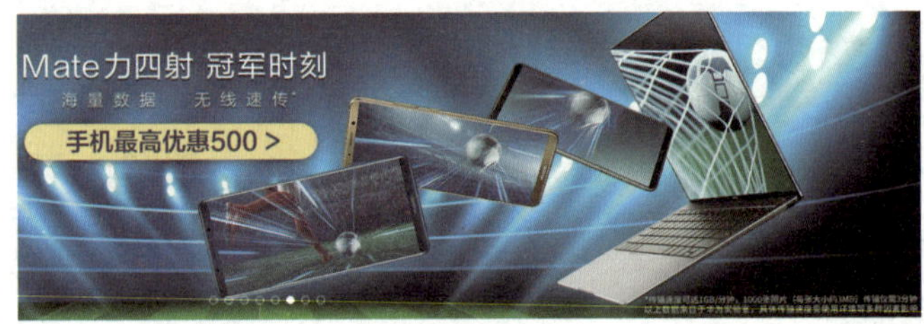

图 1-6　网站 Banner

2. 文字

文字是网页中的主要内容，在网页设计中可以通过对文字的字体、字号、颜色、行距、对齐方式，以及文本版块的底纹及版块边框等进行设计，使其既能发挥信息传达作用，又可装饰页面，如图 1-7 所示。

图 1-7　网页中的文字和图像

1.2.3 网页页尾

网页页尾通常包括网站的版权信息、备案信息和联系方式等内容，也可以是一些文字、按钮或图片形式的导航链接，如图 1-8 所示。

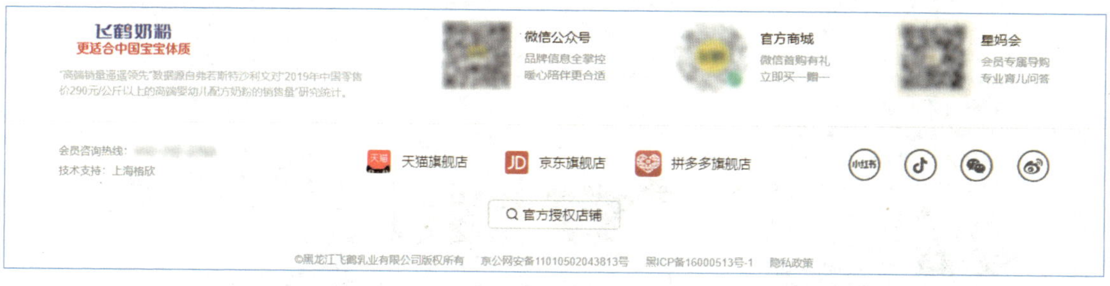

图 1-8　网页页尾

课堂互动

网页由哪些元素组成？各组成元素分别有什么作用？

1.3 网页设计赏析 

网页的版面布局、色彩和内容等是根据网站的定位确定的，设计优秀的网页既能体现网站的功能和风格，又方便用户浏览。下面分别对综合类、科技类、文化教育类、娱乐类和购物类 5 种常见网站页面进行赏析，帮助网页美工设计初学者开阔视野，并对网页设计有一个感性的认识。

1.3.1 综合类网站页面赏析

综合类网站页面的设计风格相对统一，由于内容丰富，信息量大，为了让访问者快速找到所需信息，一般将导航栏设计在页面顶部并分成多行。此外，为了尽可能多地展示信息内容，又不使页面显得拥挤，页面通常以纵向多栏的超长布局为主，内容以图文结合的形式进行排列，如图 1-9 所示。

图 1-9　腾讯网首页

1.3.2　科技类网站页面赏析

科技类网站页面多采用冷色调，页面简洁，图片精致，给人以睿智、精确、稳重、大方的感觉。这类网页的布局多采用横向分栏或居中版式；用大尺寸 Banner 进行宣传，突出产品或企业理念，如图 1-10 所示。

图 1-10　华硕公司网站页面

1.3.3 教育类网站页面赏析

教育类网站的主要功能是展示教育信息和引导学生学习知识，一般采用图文结合的方式进行排版，页面整体简洁、大方，具有很强的文化气息。

图 1-11 为清华大学的官方网站，其页面采用黑色、白色、紫色和黄色搭配，严肃中带有活泼，传统中带有现代感，体现了学校的严谨和活力。

图 1-11　清华大学网站页面

图 1-12 为北京大学的官方网站，其页面以深红色作为主色，对图标、装饰线等小元素已做深红色处理，使页面整体和谐统一，并体现北大厚重的文化底蕴。

图 1-12　北京大学网站页面

1.3.4 娱乐类网站页面赏析

娱乐类网站的页面注重视觉冲击力，颜色丰富，内容多以图片和视频为主。为突出视觉效果，在设计时常运用一些表现力强的颜色（橙色、红色、黑色等）作为网页主色或辅助色，通过颜色刺激加深浏览者对网站的视觉印象。

图 1-13 为综合型视频点播网站爱奇艺的首页，其采用黑色作为主色，以绿色作为点缀，给人以很强的视觉冲击力和清新感；图 1-14 为腾讯视频的首页，其版面新颖别致、创意十足，设计独特的 Banner 使网页充满现代感和神秘感，可吸引访问者驻足浏览。

图 1-13 爱奇艺网站页面

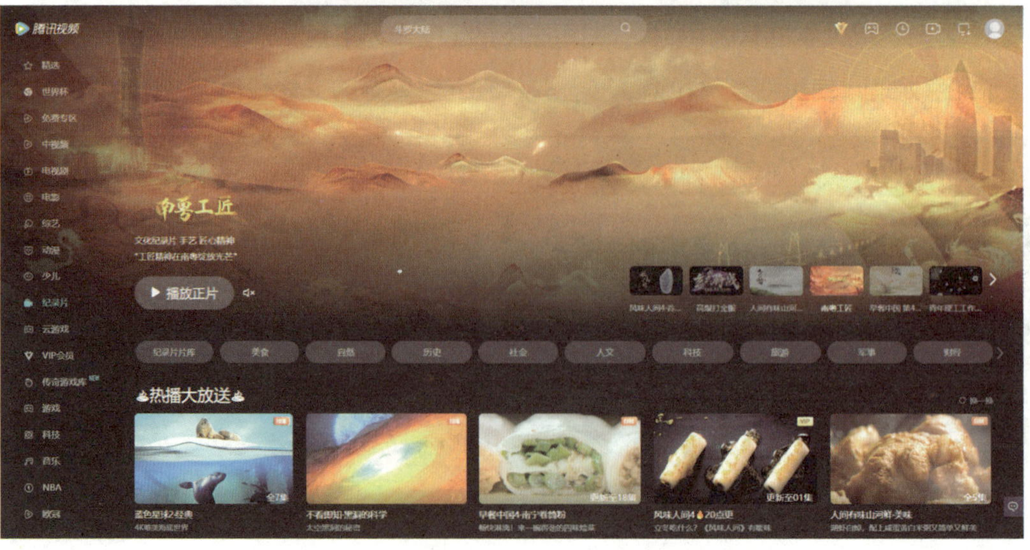

图 1-14 腾讯视频网站页面

1.3.5 购物类网站页面赏析

购物类网站由于商品种类繁多，信息量巨大，因此其首页多以框架式排列图文，将不同种类的版块合理分割，让访问者能够轻松找到所需信息，如图 1-15 所示。

该类网站的子页通常是商品详情页，其内容主要由商品图片和商品描述信息组成。设计时可将商品图片适当放大，让访问者看清商品细节，增加购买信心，并合理设置商品描述信息的颜色、字号和排列方式，方便访问者阅读，如图 1-16 所示。

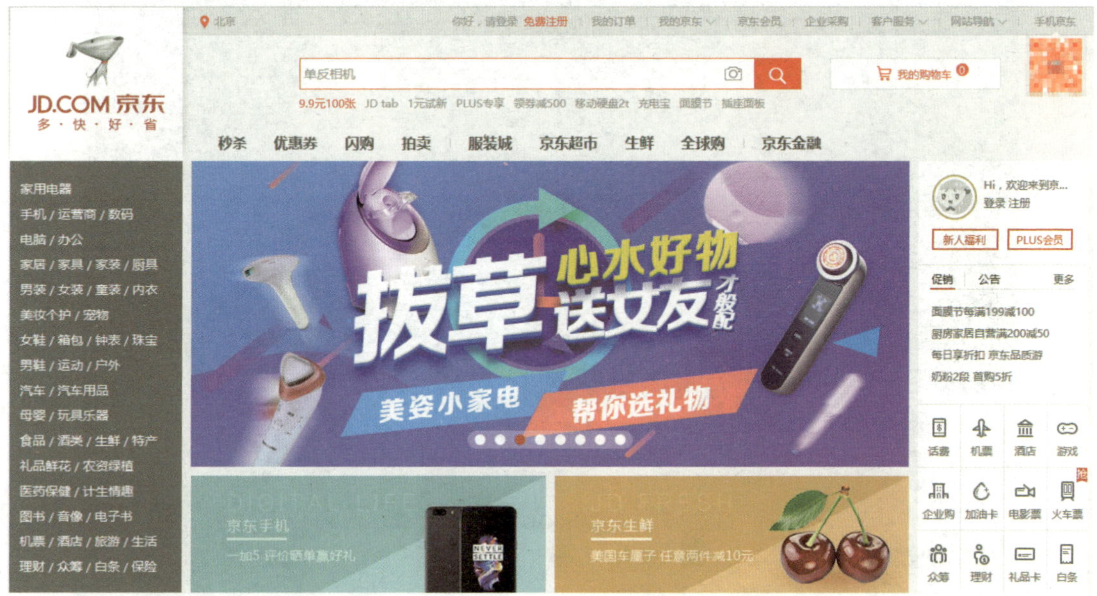

图 1-15　购物类网站首页

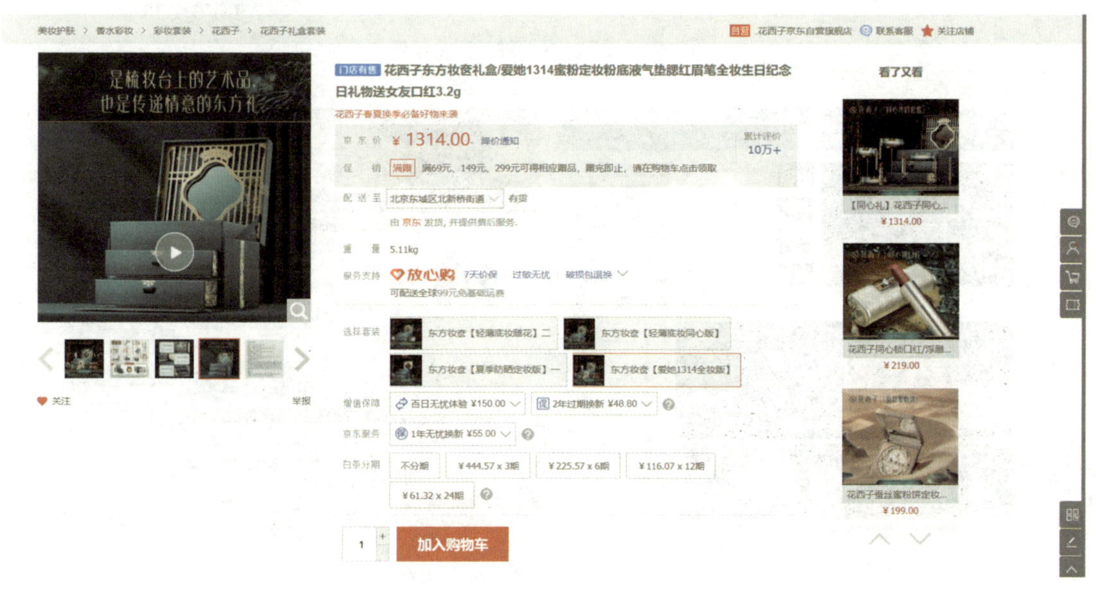

图 1-16　购物类商品详情页

课后练习

（1）简述网页美工设计的工作流程。

（2）标出图 1-17 所示网页的组成元素。

（3）图 1-18 所示的两个网页哪个设计更好？简述原因。

图 1-17　标出网页的组成元素

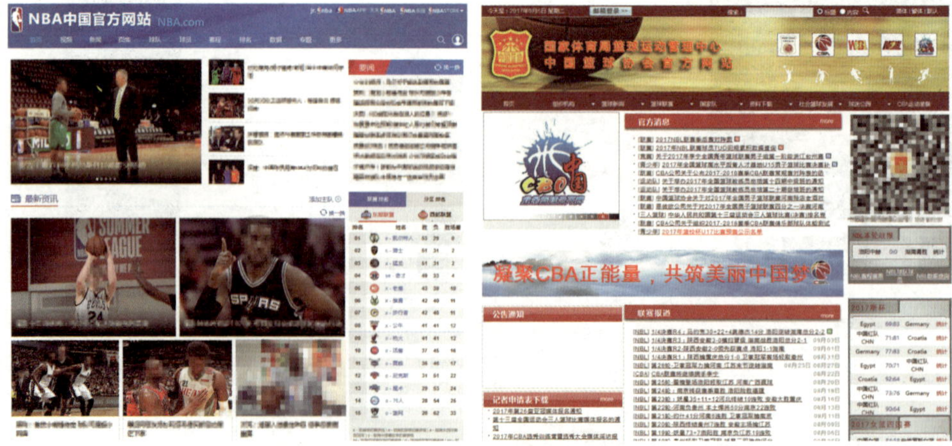

图 1-18　分析哪个网页设计更好

第2章 网页配色设计

情景模拟

配色是网页设计的关键，合理的配色可以使网页风格与网站定位相得益彰，使网页更具美感和吸引力。小张就读的学校采用的是工学结合的教学模式，这天，与学校合作的企业给了小张和其同学一个婴儿奶粉销售网站的网页设计项目。在对该项目做需求分析时，小张认为婴儿象征活力和希望，因此提议使用红色作为网站主色，但意见一出就遭到同学们的反对。

下面，我们通过学习色彩基础知识、网页中的色彩运用和配色技巧等，来判断小张的意见是否正确。

学习目标

理解色彩基础知识，包括色彩三要素、色彩的心理效应和色彩冷暖

理解网页中色彩的角色和网页色调的概念

掌握网页的色彩搭配技巧，能够根据需要合理搭配网页色彩

掌握选择网页色调的技巧，能够根据需要确定网页色调

2.1 色彩基础 

网页配色需要对色彩有清晰的认识和敏锐的判断。由于色彩知识过于抽象，不便于理解，本书从图 2-1 所示的二十四色色环图出发来讲解色彩的基础知识及网页配色设计，方便网页设计初学者直观地理解色彩的相关知识，掌握网页配色技巧。

本节主要讲解色彩三要素、色彩的心理效应及色彩的冷暖，为网页配色打下基础。

图 2-1　二十四色色环图

2.1.1　色彩三要素

人眼观察到的任何色彩都具有色相、明度和纯度三个属性，它们被称为色彩三要素。

1. 色相

色相是色彩的基本特征，是区别不同色彩的标准，可以将其理解为色彩的名称，如红、橙、黄、绿、青、蓝、紫等颜色。

2. 明度

明度是指色彩的明暗程度。同种色相的色彩在明度上有深浅之分。例如，在图 2-1 所示的色环图中，同一色相的颜色从内环到外环，明度逐渐降低，颜色越来越深。此外，不同色相的颜色其明度也有差别，如黄色明度高，紫色明度低。

提 示

在使用 Photoshop 处理图像时，常用“色阶”“曲线”“亮度 / 对比度”等命令调节图像明度。适当提升图像明度可以增强图像的通透感，但图像不宜过亮，否则会损失图像细节。

3. 纯度

纯度也被称为色彩饱和度，是指色彩的纯净程度。我们知道，所有颜色都是由原色（红、绿、蓝或青、品红和黄）混合而成的，色彩纯度主要取决于颜色中某种主要原色成分的比例，比例越大，纯度越高，颜色越鲜艳；反之纯度越低，颜色越暗淡，越不容易分辨。当色彩纯度降到最低时，将变为无彩色，即黑、白、灰色。

图 2-1 所示的色环图中，中间一环的颜色纯度最高；内环的颜色因加入白色，在提高明度的同时降低了纯度；外环的颜色因加入黑色，在降低明度的同时也降低了纯度。

课堂互动

观察图 2-2，指出图中有几种颜色（色相）？哪幅图的色彩纯度最高？哪幅图的色彩纯度最低？此外，青、品红、黄、红、绿、蓝是否为纯度最高的颜色？

图 2-2　不同色彩纯度的图片

提 示

在使用 Photoshop 处理图像时，常用“自然饱和度”“色相 / 饱和度”等命令调节图像色彩纯度。适当提升色彩纯度可增加图像的鲜艳度，吸引浏览者的目光。

2.1.2　色彩的心理效应

不同的色彩能带给人不同的心理感受，让人产生特殊的情感反应和联想。因此，在对网页进行配色设计时，除了需要注重色彩本身的美感外，还需要注意色彩带给人的情感反应和色彩的象征意义，使色彩符合网站的主题。

课堂互动

图 2-3 所示为不同色调的两张图片。看到这两张图片，你分别会想到什么呢？

图 2-3　不同色调的图片

1. 红色

红色具有很强的视觉冲击力，容易引起人注意。红色常让人联想到热情、活力、积极、主动、力量、爱情、温暖、开放、社交性等。在国内，红色还是一种代表喜庆的色彩，每逢节日，网络上都遍布以红色为主题色的广告，如图 2-4 所示。此外，红色也常用来做警告、危险、禁止、防火等标识的颜色。

图 2-4　红色 Banner

需要注意的是，在网页配色中，纯粹使用红色作为主色调的网站相对较少，通常都配以其他颜色进行调和。

提示

不同纯度和明度的红色给人的感觉是不同的。其中，粉红色明度高，纯度低，视觉柔和，女性特征明显，给人一种鲜嫩、温柔、纯真、诱惑的感觉，适用于以女性或婴儿等为主题的网站，如化妆品网站、内衣网站等，如图 2-5 所示；鲜红色纯度高，视觉刺激强，男性特征明显，适用于表现热情、活力、奔放，具有男性特征的网站，如图 2-6 所示；深红色明度低，容易营造出深邃、神秘的气氛；玫瑰红则营造的是一种娇媚、艳丽的气氛，适用于女性用品及服装网站。

图 2-5　化妆品网站主页

图 2-6　男装网站页面

2. 橙色

橙色介于红色与黄色之间，常让人联想到能量、温暖、健康、活泼、快乐、创造力、社交性等。此外，由于橙色与许多食物的颜色类似，因此橙色容易引起人的食欲。当作品中需要加入上述特性时，橙色就成为设计师的首选，如图 2-7 所示。

图 2-7　橙色 Banner

3. 黄色

黄色给人的感觉与橙色类似，但黄色明度更高，更为醒目。黄色常让人联想到快乐、轻快、撒娇、可爱、理解、智慧、幸福、食物等。在网页配色中，黄色常与冷色或明度低的颜色搭配，起到和谐对比的调和效果，如图 2-8 所示。

图 2-8　黄色 Banner

4. 绿色

绿色是大自然中最常见的颜色，常让人联想到生命、安全、和平、理想、希望与青春的活力。绿色常用于与自然、健康等相关的网页。此外，当作品中需要表现蔬菜、水果、环保等主题时，也常用绿色作为主色，如图 2-9 所示。

图 2-9　水果蔬菜网站主页

5. 蓝色

蓝色常让人联想到天空、海洋、宇宙等事物，给人以静谧、深邃、博大、高远、理智、准确、信赖、忠诚等感觉，特别适合做强调科技、效率等企业网站的主色，如图 2-10 所示。蓝色如果与红、棕、黄等颜色搭配得当，可以构成和谐对比的调和关系。

图 2-10　科技企业网站主页

6．紫色

紫色是由活跃的红色和静谧的蓝色混合而成的，具有神秘、浪漫、高贵的特性。使用不同的颜色与紫色搭配可给人不同的感觉。例如，红色与深紫色搭配可给人既神秘又温暖的感觉；粉色与浅紫色搭配可给人浪漫优雅的感觉，如图 2-11 所示。

7．白色

白色是明度最高的颜色，象征着纯洁、神圣、明快。白色被称为“万能色”，可以和任何颜色搭配使用。其中，白色与暖色搭配可以产生华丽感；与冷色搭配可以产生清爽感。在网页设计中，白色多用作背景色与过渡色。在网页中大面积的留白可以给人简约、时尚的感觉，并给浏览者一定的遐想空间，如图 2-12 所示。

图 2-11　以紫色为主色调的网页

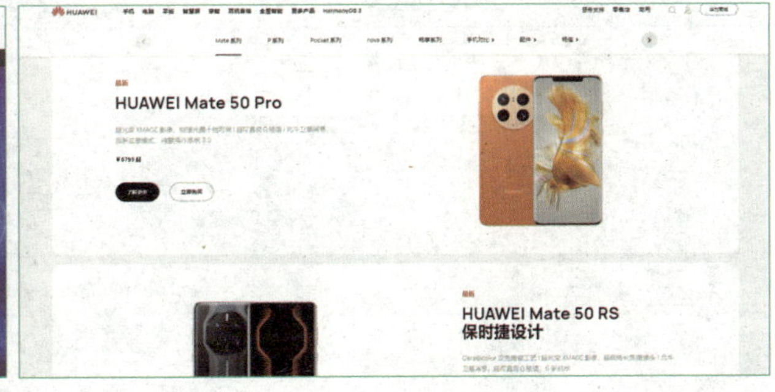

图 2-12　大面积留白的网页

8．灰色

灰色属于中性色，和白色、黑色一样是一种无色彩属性的颜色。灰色能给人一种柔和、细致、朴素、大方、舒适、优雅的感觉。使用灰色时，大多利用不同明度的灰色变化或搭配其他颜色来调和画面的朴素、沉闷。灰色常用于网页或图像的背景色，如图 2-13 所示。

图 2-13　使用灰色作为网页背景色

9. 黑色

黑色也被称为“万能色”，其搭配不同的颜色可以呈现出风格迥异的效果。当黑色与黄色搭配时，会给人一种奢华、高贵的感觉；与白色搭配时，图像识别度最高，且可以凸显高级感；与红色搭配时，会给人富有力量的感觉，如图 2-14 所示。

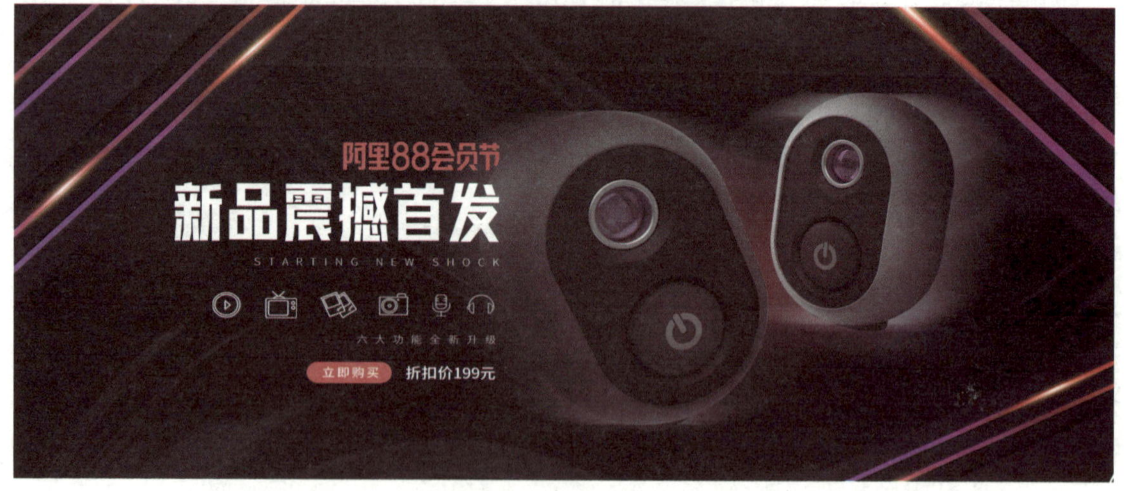

图 2-14　黑色与红色搭配的 Banner

课堂互动

某快餐外卖网站以蓝色作为主色，你认为合适吗？为什么？应该使用什么颜色？此外，在前面情景模拟中提出的婴儿奶粉销售网站应使用什么颜色作为主色？

2.1.3 色彩的冷暖与网页色调

1. 色彩的冷暖

色彩的冷暖是指不同的色彩让人产生的温度感觉。如前图 2-1 色环图所示，以红、橙、黄为代表的颜色给人以温暖、热烈、喜庆之感，这一系列的色彩被称为暖色；以蓝、绿、青为代表的颜色给人以清凉、沉静、坚实之感，这一系列的色彩被称为冷色。

提 示

需要注意的是，除红色与蓝色是色彩冷暖的两个极端外，其他许多色彩的冷暖感觉都是相对的。例如，紫色与绿色，紫色中的红紫色较暖，而蓝紫色则较冷；绿色中的草绿色带有暖意，而翠绿色则偏冷。

2. 网页的色调

色调是指画面中色彩的总体倾向。当网页中包含大面积的冷色时，网页呈现冷色调，如图 2-15 所示；当网页中包含大面积的暖色时，网页呈现暖色调，如图 2-16 所示。此外，黑、白、灰色被称为中性色（非冷非暖），当网页中包含大面积的中性色时，网页呈现中性色调，给人一种高端、大气、简洁的感觉，如图 2-17 所示。

图 2-15 冷色调网页

图 2-16 暖色调网页

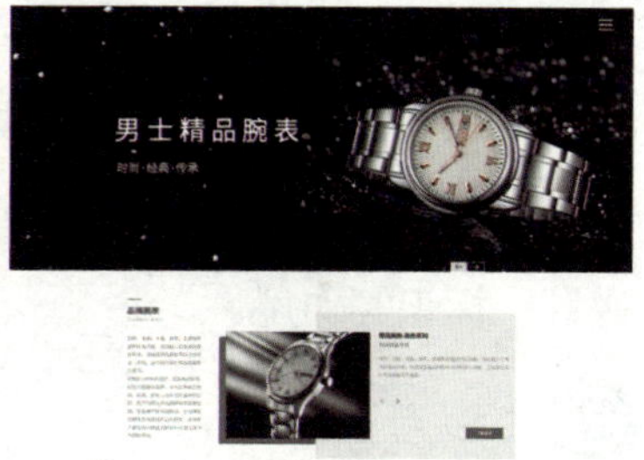

图 2-17 中性色调网页

色调如同网页的性格，不同色调的网页会给访问者不同的心理感受。冷暖对比是自然平衡的规律，在网页设计中恰当地使用冷色和暖色进行搭配，可增加网页的活力。

课堂互动

观察图 2-15 和图 2-16，分析图中冷色与暖色的使用比例，说明这样搭配有什么好处。

2.2 网页中的色彩运用

网页设计中最敏感和最重要的就是色彩的运用。网页中色彩的类型、数量、面积、冷暖等直接影响着网页的视觉效果和要表达的主题。因此，掌握网页色彩运用的知识是制作优秀网页的关键。

网页设计常用配色表

2.2.1 网页中的色彩角色

为网页配色时，应注意页面中颜色的数量与主次关系。如果网页中不同颜色所占的面积相当，会让人感觉页面风格不统一，没有整体感；如果网页中使用的颜色过多，则会让人感觉页面过于琐碎、花哨、轻浮，没有内涵。

因此，为网页配色时，应根据网站的主题区别颜色主次，让不同的颜色扮演不同的角色，发挥不同的功能。根据不同颜色在网页中的视觉主次、面积大小和所起的作用，可将其分为主色、副色和背景色，下面分别说明。

- **主色：**主色是网页中使用面积最大、出现次数最多的颜色。它贯穿网站的所有页面，在创造特定气氛和意境上发挥着主导作用，是整个网站色彩表现的灵魂。通常，在描述网页是什么色调时指的就是其主色。
- **副色：**副色也称为辅助色，它在页面中所占面积比主色小，起到与主色呼应，调和画面色彩关系的作用。根据实际需要，同一网页中的副色可以有多种颜色，作为区分栏目、标识等作用。

提 示

副色中有一种颜色叫点睛色，它在小范围内用强烈的颜色来突出效果、活跃气氛，使页面的色彩更加生动。在网页设计中，点睛色常用于占用面积较小的按钮、标签等，数量根据画面的需要而定。

- **背景色：**背景色是用于网页背景的颜色，起到协调、衬托页面整体色彩关系的作用。通常背景色仅起到陪衬作用，在画面中显露的面积较小，但有些网页的背景色对页面的影响较大，既是背景色也是主色。

以美团网为例，该网页主色为Logo中提取的绿色，副色为橙色和红色（起点睛作用），背景色为白色。主色占所用颜色的比例较大，属于冷色系颜色，副色用量较少，属于暖色系颜色，页面冷暖搭配得当，能给浏览者舒适的浏览体验，如图2-18所示。

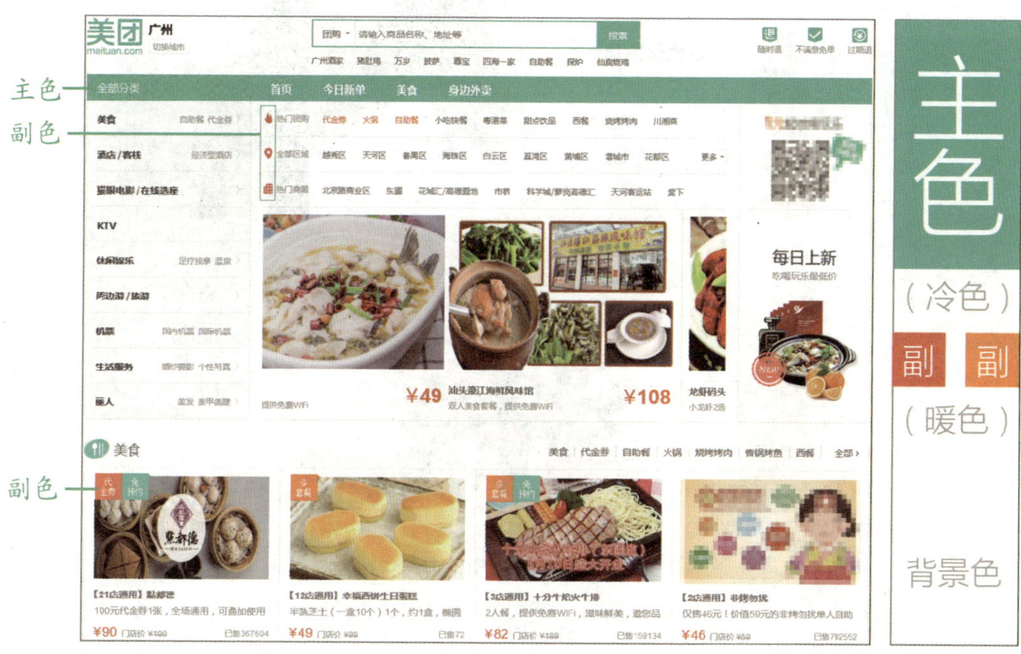

图2-18　美团网网页

提 示

在网页设计中，主色通常用在导航和其他重要位置；而Banner和海报为了更加醒目，主色通常用在背景上，如图2-19所示。

图2-19　使用主色做底色的Banner

课堂互动

在图2-20所示的网页中，分别指出其使用的主色、副色、点睛色和背景色。

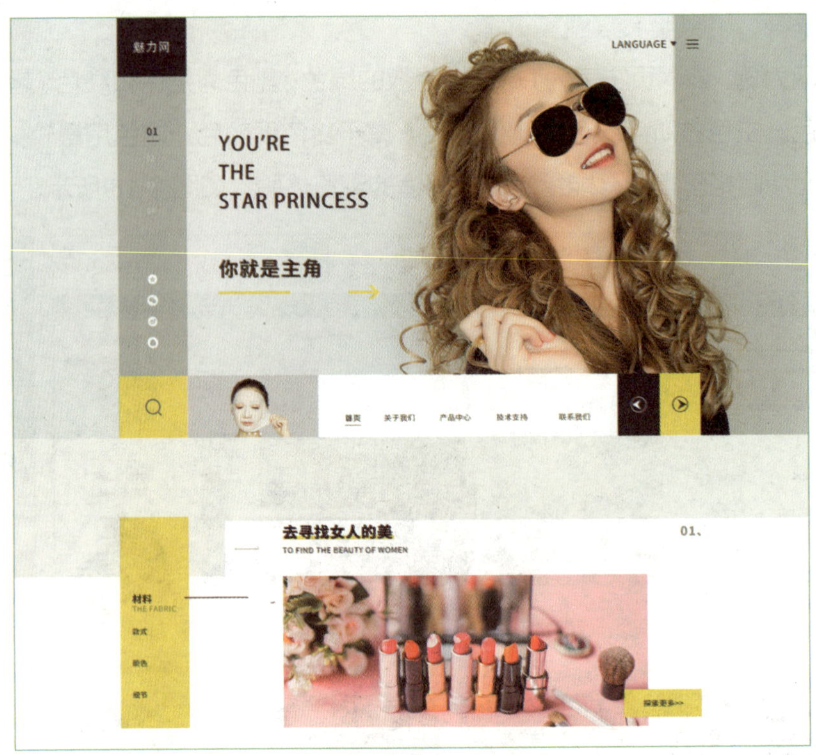

图 2-20　辨识网页中的色彩角色

2.2.2　如何搭配网页色彩

在搭配网页色彩时应先从网站风格和内容出发，选择合适的主色，然后从视觉效果出发，选择副色并控制主色和副色之间的比例，使网页整体色调美观、舒适。在进行网页配色设计时，除了使用前面介绍的冷暖色搭配外，还可使用以下色彩搭配方式。

提 示

在进行冷暖色搭配时，应注意：① 控制好冷色与暖色的面积比例。因为冷色与暖色处于同一画面时对抗非常激烈，所以应选择一种作为主色，另一种作为副色。② 降低其中一种颜色的明度或饱和度，从而产生明暗对比，以缓冲对抗。③ 可在画面中加入少量与副色相近的颜色或黑、白、灰色作为装饰色进一步缓冲对抗。

1．同类色搭配

同类色搭配是指色相环上位置相邻（15°夹角内），或者同一色相中不同明度或纯度的颜色之间搭配，如深蓝色与浅蓝色、红色与橙红色搭配。

同类色搭配的优点是可以产生有秩序的渐变感觉，使画面显得协调统一，缺点是由于色彩相同，容易产生平淡、单调的感觉。在进行网页配色时，可以加大颜色明度与纯度的对比来弥补单调感，或者加入小面积的其他颜色作点缀，如图 2-21 所示。

图 2-21　使用同类色配色的网页

2. 近似色搭配

近似色搭配是指色相环上距离较近（15°～ 60°夹角内）、色相差别不大的颜色之间搭配，如红色与黄色、黄色与绿色、蓝色与紫色搭配。

近似色搭配是一种很理想的色彩搭配方案。其色彩相近而不相同，统一中有变化，变化又不失协调。此外，色彩既有对比又相互调和，视觉关系上能做到清晰明朗、层次丰富。因此，近似色搭配是应用范围最广的一种网页配色方案，如图 2-22 所示。

3. 对比色搭配

对比色搭配是指色相环上距离较远（相差 120°左右）、色相差异较大的颜色之间搭配，如红色与蓝色、橙色与绿色、紫色与绿色搭配。

对比色搭配属于强对比搭配方案，视觉效果强烈、鲜亮，画面效果层次清楚、结构明显，特别易于突出主体，展示亮点，如图 2-23 所示。

图 2-22　使用近似色配色的网页

图 2-23　使用对比色配色的网页

由于对比色搭配色相差异较大，色彩之间有一定的冲突感，因此在运用时应多用灰色、白色或近似色做过渡，以降低色彩的不协调性。同时，需要注意色彩的主次之分，应加大主色与副色的面积对比，以达到色彩平衡的效果。

4. 互补色搭配

互补色搭配是指色相环上直径两端（相差 180°），距离最远的颜色之间搭配，如红色与绿色、黄色与紫色、蓝色与橙色搭配。

互补色搭配是最强烈、最富刺激性的配色方案。使用互补色搭配的画面特别鲜明、艳丽，很容易吸引人的注意力。但是，使用互补色配色时，强烈的刺激会让人产生不安定感，如果搭配不当，容易产生生硬、急躁的效果。因此，使用互补色配色时，应通过调整主色与副色的面积大小，或者提高（或降低）互补色的明度（或纯度），或者使用灰色、白色或近似色作为过渡，以降低画面的不适感，如图 2-24 所示。

◀图 2-24　使用互补色配色的网页

提 示

色调明确、统一、和谐、易于识别的网页更受访问者欢迎。但是，在设计网页时，部分初学者为了区别网页中的不同版块，在网页中使用了大量的颜色，让页面的视觉效果显得凌乱、复杂。使用“色不过三”原则能够有效地避免页面颜色混乱的问题。所谓“色不过三”，不是限定网页中使用的颜色不超过三种，而是指不超过三种色相。在设计网页时，可通过调整色彩的明度或饱和度来对色彩进行变化，产生多种颜色，而色相不变。

除了避免在网页中运用过多色彩外，在设计网页时还应注意网页文字与底色的搭配应遵循“三个不要”原则，即：不搭配同色系颜色，如深红配大红；不搭配饱和度接近的颜色，如深紫色配棕色；不搭配明度接近的颜色，如白色配柠檬黄。否则，会造成文字识别度低。

课堂互动

（1）总结上述几种网页色彩搭配方式的优缺点和应用技巧。

（2）指出图 2-25 所示网页中的色彩搭配问题。

▲图 2-25 指出网页中的色彩搭配问题

2.2.3 如何选择网页色调

网页页面由具有内在联系的各种色彩组成一个完整统一的整体，形成画面色彩的总体趋向，称为网页色调。网页色调如同网页的性格，不同色调的网页会给访问者不同的心理感受。

网站的类型和风格是决定网页色调的主要因素，不同类型的网站，其色调会有明显差异。下面就来学习确定网页色调的方法。

1. 根据网站 Logo 确定网页色调

几乎所有的网站都有自己的 Logo，用于展示网站形象，提高网站辨识度。使用 Logo 中的某种颜色作为网页的色调有两个好处：一是 Logo 的色彩使用较为规范，往往都考虑了网站本身的特点，能更好地展示网站形象；二是 Logo 与网页色调相互呼应，易于给访问者留下规范、严谨的印象。

以淘宝网为例，该网页使用 Logo 中的橙色作为网页的主色调，如图 2-26 所示。

图 2-26 通过 Logo 确定网页色调

2. 根据网站类型确定网页色调

（1）**企业网站**。企业网站是企业在互联网上进行形象宣传、产品展示和加强客户服务的平台。设计企业网站时，可根据企业类型和色彩的象征意义确定网页色调。例如，科技类、商业类企业可使用蓝色、灰色等作为网页色调，这些色调能给人带来理性、稳重、高效、安全的感觉，有利于企业品牌形象的建立与提升，如图 2-27 所示。关于不同色调带给人的心理感觉和象征意义，请参考 2.1.2 节内容。

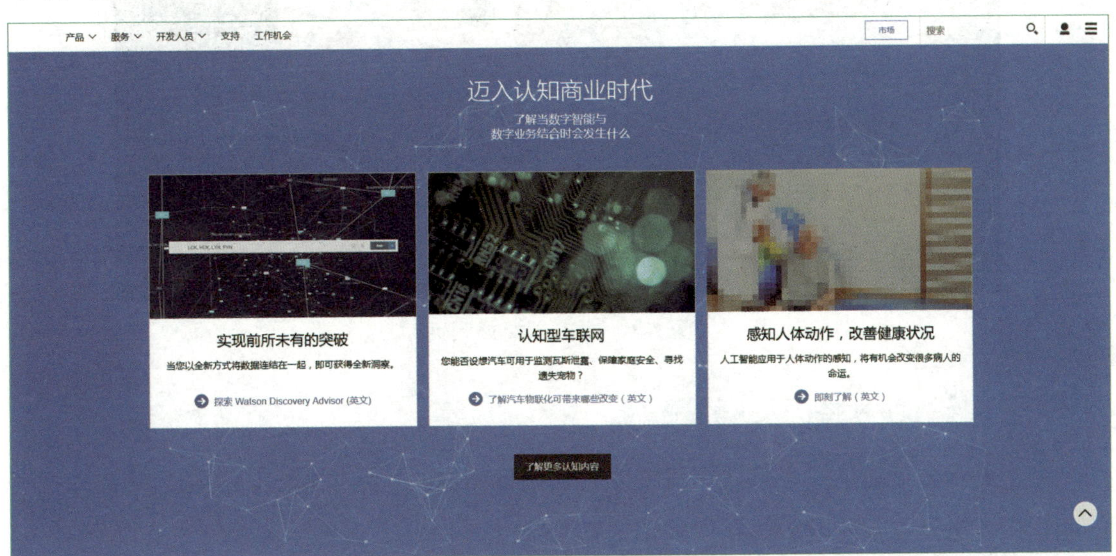

图 2-27　使用蓝色作为主色调的企业网站网页

（2）**购物类网站**。网购已成为当今主要的购物方式之一。购物类网站应根据销售的商品类型选择合适的颜色作为网页色调。当网站主要销售名表、高级红酒等高端商品时，可选择黑色、白色、灰色等颜色作为网页色调，这些颜色给人高贵、奢华、精致的感觉，如图 2-28（a）所示；当网站经营的商品种类繁多时，可以使用橙色、红色、黄色等颜色作为网页色调，这些颜色给人活跃、热烈的感觉，能潜移默化地促进购买，如图 2-28（b）所示。

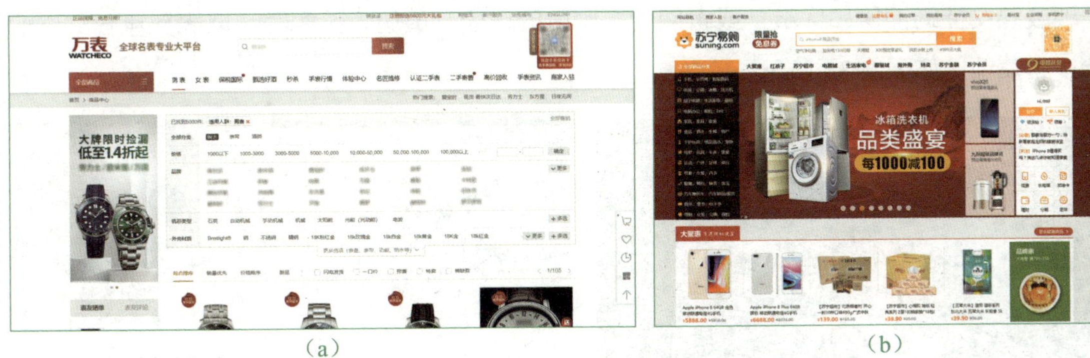

（a）　（b）

图 2-28　购物类网站网页

（3）娱乐类网站。娱乐休闲类网站包括电影网站、音乐网站、游戏网站、交友网站、社区论坛等。此类网站的设计风格多样，或轻松活泼，或时尚另类；或鲜艳亮丽，或简洁明快。因此配色也非常灵活，可以使用任何色彩搭配，如图 2-29 所示。

图 2-29　娱乐类网站网页

3．根据网站风格确定网页色调

为了贴合人们的认知习惯和审美要求，在设计网页时可根据网站内容和风格选择不同的色彩和视觉元素，使网页达到形式和内容的统一。

（1）男性风格。男性风格的网页主要用于户外运动、健身、男性服饰等与男性相关的网站。设计此类网站的网页时，可选用具有力量感的图片及黑色、棕色、蓝色、红色、橙色等作为网页色调。此外，网页中还可使用直线、折线等硬角元素，以凸显男士的阳刚和力量，如图 2-30 所示。

（2）女性风格。女性风格的网页主要用于与美容、化妆、休闲娱乐、女性服饰等相关的网站。此类网页中使用的元素相对柔和，色调可以选择低明度的紫色、暗红色等，以表现成熟女性的神秘和优雅；或者使用高明度的粉色、黄色、蓝色等，以表现年轻女性的俏皮和清纯，如图 2-31 所示。

图 2-30　男性风格网站的网页

图 2-31　女性风格网站的网页

（3）古典风格。古典风格的网页主要用于企业形象或商品风格偏向“中国风”或“欧洲古典风”的网站。“中国风”的网页较为素雅，通常使用毛笔字体和印章元素来传达中国文化，并使用黑色、墨绿色和白色等作为网页色调，以体现中国人独有的水墨情怀，如图 2-32 所示。“欧洲古典风”的网页色彩感觉相对厚重，往往使用深红、黑色、褐色、钴蓝、金色等，营造出如油画般质感的页面，如图 2-33 所示。

图 2-32　“中国风”网页

图 2-33　“欧洲古典风”网页

（4）自然风格。自然风格的网页主要用于与休闲旅游、食品、化妆品等相关的网站。这种风格的网页大多会使用真实的外景素材来体现自然气息。设计时，色彩可以提取自然界的颜色，如天的蓝色、云的白色、树的绿色、草的青色等，如图 2-34 所示。

图 2-34　自然风格网页

（5）时尚风格。时尚风格的网页多用于与珠宝、化妆品、婚纱、潮流科技产品等相关的重视视觉效果的网站。这种风格的网页需要呈现出简约、精致、高品质的感觉。设计时，可以使用饱和度高、对比鲜明的色彩来烘托气氛，如图 2-35 所示；也可以使用高明度颜色或直接使用黑色、白色或灰色，给人高品质的感觉。

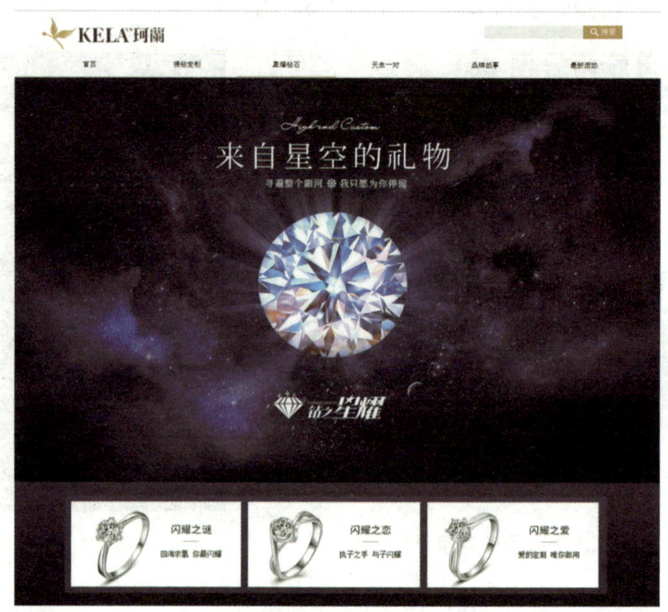

图 2-35　时尚风格网页

2.3 课堂案例——为网页 Banner 配色

学以致用才能搭配好网页颜色，下面应用前面所学知识为网页 Banner 进行配色。通过本案例，读者将掌握配色思维模式。

视频讲解

步骤 1　在 Photoshop 中打开本书配套素材“第 2 章”文件夹中的“为网页 Banner 配色素材 .psd”素材文件，如图 2-36 所示。

步骤 2　在为作品配色前需要先确定设计思路，分析作品要表达的效果及设计方向，如图 2-37 所示。

● 素材及Banner尺寸

● 文案

至美至真
天然精华 CHCÉDO CHCÉDO 自然堂 | 中国跳水队 官方合作伙伴

图 2-36　打开素材文件

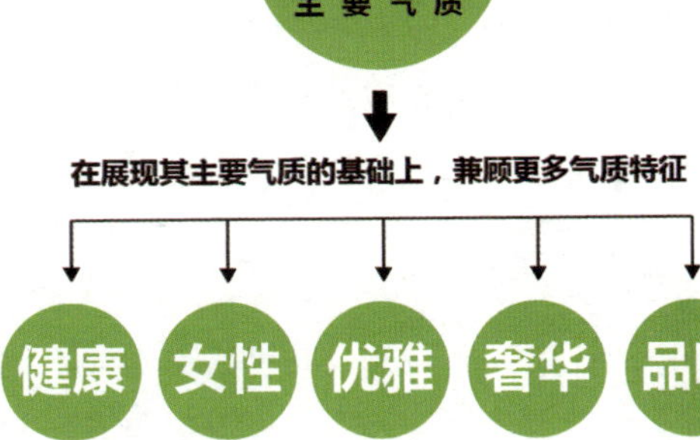

图 2-37　确定作品要表达的效果及设计方向

步骤 3　确定作品的设计方向后，需要对配色进行考虑。首先确定色调冷暖，再确定使用什么色系。本例首先考虑使用冷色调的蓝色系，如图 2-38 所示。

步骤 4　蓝色表示纯净、清新，很符合肌肤水化妆品的特点。将背景色确定为蓝色，搭配体现女性优雅、奢华和品位的红色作为画面的辅助色，然后在产品后方添加绽放的冰块（与背景颜色相匹配），最后将文案对称排列，完成初稿的制作，如图 2-39 所示。

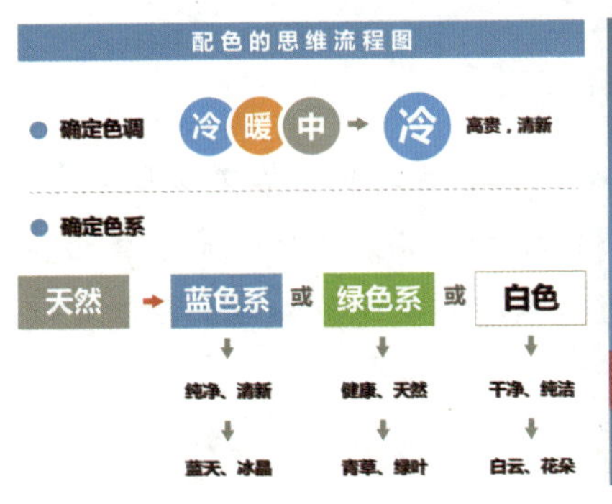

图 2-38　确定作品要使用的色调和色系

图 2-39　蓝红搭配

步骤 5　蓝色与红色虽然比较搭配，但初稿中颜色纯度偏高，没有达到清新、纯净、自然的视觉效果，因此调整画面中素材的排列位置，并重新搭配颜色，如图 2-40（a）所示。再根据蓝色进行联想，搭配粉色的花瓣和白色云彩，蓝色作为主色，粉色作为副色，体现出产品的清新自然，如图 2-40（b）所示。

（a）

（b）

图 2-40　蓝粉搭配

步骤 6　步骤 5 的方案中，大面积高明度的蓝色与产品固有色雷同，这将导致产品辨识度低，因此，下面尝试使用浅灰色为主色，蓝色和绿色为辅助色。浅灰色象征纯洁纯洁无瑕，配合产品固有的蓝色能体现出健康、清新的感觉，如图 2-41 所示。

图 2-41　调整素材位置并添加浅灰色底图

步骤 7　添加斜切形状分割画面，置入蓝色冰晶图像，然后在合适位置添加灰度文案。文字同样是色彩的载体，灰色文字是灰色调的一种表现，能增加产品品质感。再在画面相对空白的位置添加绿叶素材，将绿色作为副色，体现健康的感觉，同时也能增加画面空间感，如图 2-42 所示。

图 2-42　浅灰色和蓝色搭配

提示

在配色时多思考，多尝试才能配出合适的颜色。没有不好看的颜色，只有不合理的配色方法。只要掌握颜色的气质和性格，就能搭配出正确、优美的色彩。

课堂互动

佳明公司是一家新成立的初创企业，主要从事儿童智能手表的生产和销售，其企业Logo颜色由红、黄、蓝三色组成。为通过互联网展示企业形象、销售产品和加强客户服务，佳明公司准备建设一个网站。请回答：佳明公司网站应选择什么颜色作为主色、副色和点睛色？读者可使用Photoshop软件打开本书配套素材“第2章”文件夹中的“佳明公司网页配色素材.psd”图像文件，为该网页配色。

课后练习

（1）简要描述色彩三要素。

（2）简要描述红、橙、黄、绿、蓝、紫、白、灰等颜色带给人的心理感觉。

（3）色彩的冷暖指的是什么？

（4）网页中有哪几种色彩角色？

（5）什么是网页色调？如何确定网页色调？

（6）有哪几种搭配网页色彩的方式？这些色彩搭配方式各有什么优缺点？

（7）图2-43所示为京东女性服装销售页面，请指出其主色、副色和点睛色分别是什么颜色。作为销售女性服装的网页，这样的颜色搭配好在哪里？若需要设计销售男性服装的网页，应选择哪些颜色作为主色和副色？

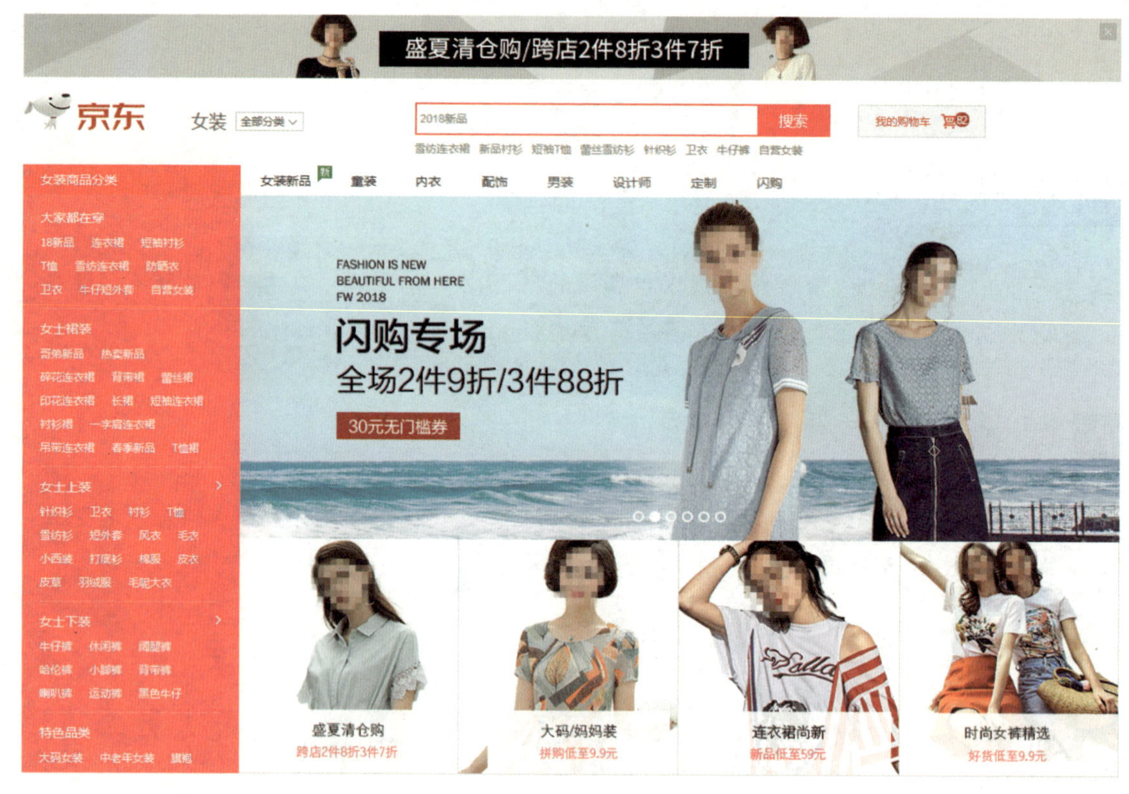

图 2-43　京东女性服装销售页面

（8）使用 Photoshop 软件打开本书配套素材“第 2 章”文件夹中的“摄影网站网页配色素材 .psd”，为该网页的背景、导航栏、按钮、背景等配色。

第3章 网页布局设计

情景模拟

网页布局是指以最适合浏览的方式规划网页各组成元素在页面中的位置，包括Logo、导航栏、Banner、图片和文字等。在设计网页前应根据网站的类型、内容和风格规划好网页布局。一个没有合理布局的网页即使局部细节处理得再好，页面整体也会是一盘散沙，不便于用户浏览。

小张的某个朋友由于缺乏设计网页的经验，在设计网页时没有合理规划网页布局，导致设计的网页版式凌乱，前后风格不一，虽然某些版块设计出彩，但客户都不买账。小张决定吸取朋友的教训，好好学习一下网页布局设计。

学习目标

了解网页的宽度设置

了解网页布局的常见类型和网页布局技巧

能够根据需要合理地规划网页布局

3.1 网页尺寸设置

设置网页尺寸是进行网页设计的第一步。网页尺寸是指网页的高度和宽度。网页的高度一般没有限制，可根据网页内容来灵活设置。网页宽度主要分为定宽和自适应宽度两种类型。其中，定宽是指网页内容区域（版心）的宽度固定；自适应宽度是指网页内容区域的宽度自动适应浏览器（显示器）的宽度，随浏览器的宽度而变化。

网页美工在设计网页前，应考虑页面是定宽还是自适应宽度。如果是定宽，应根据主流显示器的分辨率来设置效果图中的网页宽度。目前，主流显示器的分辨率如图 3-1 所示，因此，可将网页宽度设置为 1920、1600、1440、1280、1140、990 等像素。其中，如果要让网页显得大气并具有现代感，可将其宽度设置为 1440 像素以上；如果要让网页兼顾尺寸较小的显示器，则需要将其宽度设置得小一些，如 990 或 1024 等像素。

如果网页使用自适应宽度模式，可直接使用 1920 像素或更大的宽度设计。

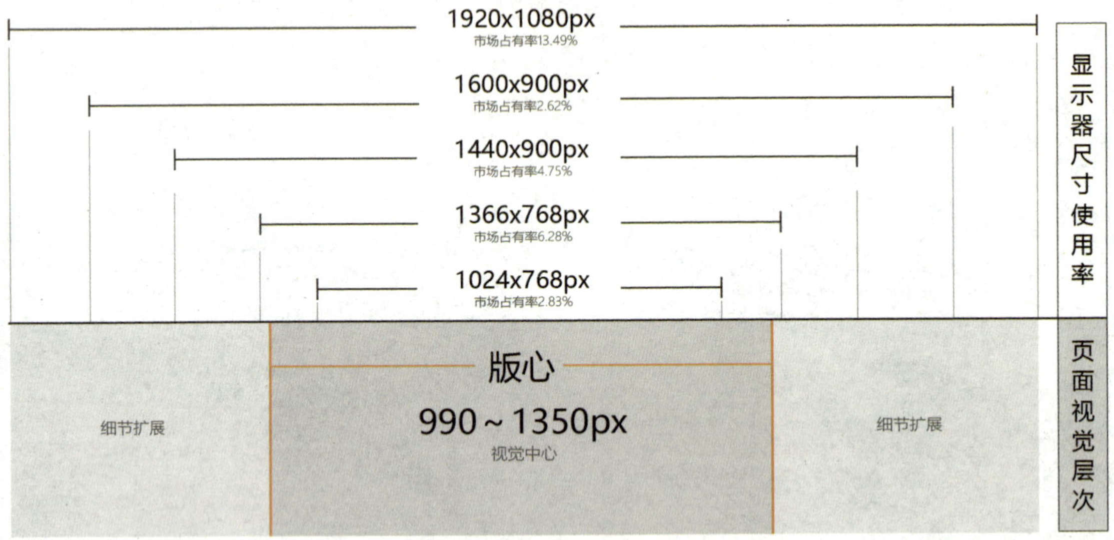

图 3-1　显示器尺寸使用率及页面视觉层次

提示

上述网页宽度尺寸是含页边距（图 3-1 所示的细节扩展区域）的尺寸；设计网页版心时，其宽度应比上述网页宽度稍小一些，以预留出页边距。例如，若网页对应的是 1366×768 分辨率的显示器，可将网页版心宽度设为 1190 像素。

3.2 网页常见布局类型

网页布局的类型很多，下面简要介绍一些常见布局类型。

3.2.1 国字型

国字型网页布局通常被门户、购物类、教育类等内容丰富的大型网站所使用。其基本布局形式是将网站的 Logo、导航栏等置于顶部；下方安排网页的主体内容，主体内容的左、右两侧分别是导航菜单、广告或其他栏目；最后由页尾形成外框底部，将主体内容包围，如图 3-2 所示。

图 3-2 国字型网页布局

3.2.2 拐角型

拐角型布局与国字型布局类同，网页顶部都是网站的 Logo、导航栏和 Banner（Banner 也可位于内容区）。不同的是，拐角型布局的页面左侧或右侧是纵向导航菜单，对侧为网页主体内容，即通过横向导航栏与纵向的导航菜单形成拐角，包围网页主体内容。拐角型布局同样适合购物类、门户类等网站使用，如图 3-3 所示。

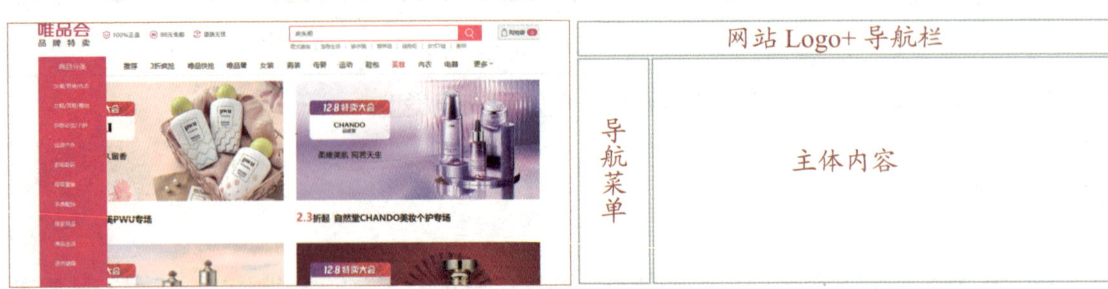

图 3-3　拐角型网页布局

3.2.3　POP型

POP 引自广告术语，是指页面布局像一张宣传海报，以一张精美图片作为页面的设计中心，如图 3-4 所示。POP 型布局的网页常用于时尚类网站首页。其优点是页面优美，具有视觉冲击力，缺点是网页打开速度慢。

图 3-4　POP 型网页布局

3.2.4　标题文本型

标题文本型布局是指页面内容以文本为主。这种类型的网页顶部通常是标题，下面是正文，常用于注册、登录、评论或文章阅读等信息简洁的页面，如图 3-5 所示。

会员注册--请填写注册基本信息

	注：*项为必填项
会员登录信息	
会员类型：	普通用户 教师用户 经销商用户
登录账号：	* 登录账号2-12个字符
设置密码：	* 密码为6至12个字符，由字母a-z、数字0-9或下划线组成
确认密码：	* 重复上面的密码
会员基本信息	
真实姓名：	* 请填写您的真实姓名
性　别：	男 女
手　机：	* 为了方便您找回密码！请您认真填写
Q　Q：	* 为了方便您找回密码！请您认真填写
E-MAIL：	* 为了方便您找回密码！请您认真填写

立即注册

图 3-5　标题文本型网页布局

3.2.5　对称型

顾名思义，对称型网页布局是指采取左右或者上下对称的布局。对称型布局如果应用得当，能使页面形成极佳的视觉冲击感。图 3-6 所示是典型的对称型网页布局，该网页的图像和文字都保持着对称关系。这样布局使页面极具震撼力，能给浏览者留下深刻的印象。

3.2.6　全景型

全景型是目前十分流行的网页布局形式，是指使用全景图像或动画作为网站首页。该类型的网页高度通常只有一屏大小，浏览者可通过导航切换到其他页面。全景型布局的网页不仅时尚大方，而且有很强的视觉冲击感，多用于宣传企业形象，如图 3-7 所示。

图 3-6　对称型网页布局

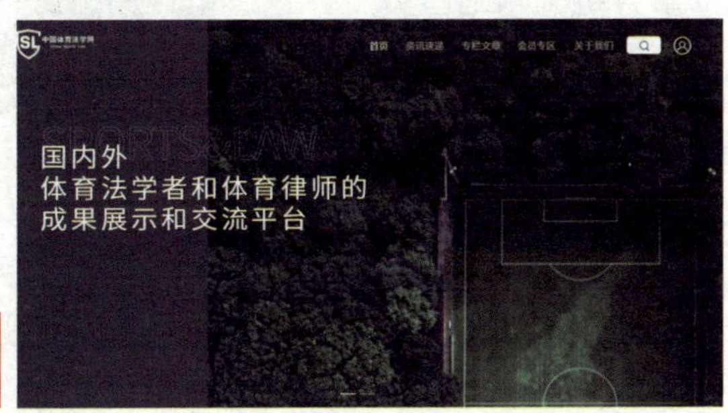

图 3-7　全景型网页布局

3.2.7 组合型

组合型网页布局多用于摄影网站或需要大量图片说明的网站，是指将等大或大小不一的多张图片组合、排列在网页中。需要注意的是，在选取图片时应事先统一图片的明度，让组合起来的图片具有整体感，否则密密麻麻拼在一起的图片会让人眼花缭乱。图 3-8 所示为一家旅游网站的网页，它所选用的图片虽然大小不一，但色调是相同的。缤纷的色彩十分符合该行业特点，同时也能吸引浏览者的视线。

图 3-8 组合型网页布局

3.2.8 散开型

图 3-9 是一家律师事务所的网站首页，该页面通过大小不一，但错落有致的矩形版块将导航内容散开分布在页面中。页面整体散而不乱，极具设计感。

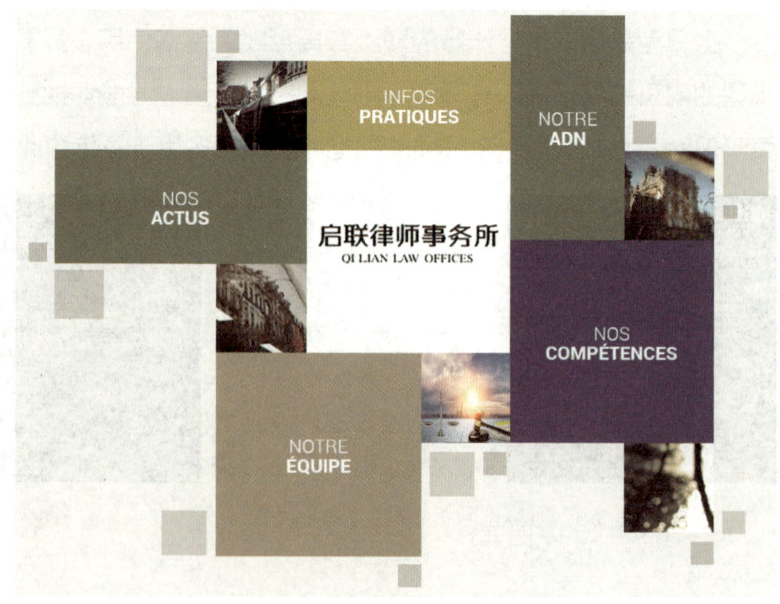

图 3-9 散开型网页布局

3.2.9 分割型

分割型布局是当今网页布局的一种流行趋势。常见的分割布局方式有斜线分割、块面分割、主题分割、等距分割等。使用分割布局的网页主次分明，形式感极强，能够将内容的重要性和层次性体现在网页的结构上，从而引导浏览者按顺序进行阅读，如图 3-10 所示。

图 3-10 分割型网页布局

课堂互动

（1）以上介绍的网页布局类型各有哪些特点？

（2）某设计公司最近接手了一家电商网站的设计项目。该网站分类多，信息量大，作为该公司的网页美工，应选择什么类型的网页布局？

（3）观察图 3-11 所示的网页，简述它们分别属于哪种布局类型。

图 3-11 不同布局类型的网页

提 示

扁平化是目前流行的网页设计趋势之一，其特点是去掉页面中多余的透视、纹理、渐变及 3D 效果等元素，让“信息”重新作为网页核心被凸显出来。同时，在设计元素上强调极简化和符号化，让页面中的内容更容易被聚焦，从而带给用户更直观的浏览体验，如图 3-12 所示。

图 3-12　扁平化布局

3.3 网页布局技巧

网页的精彩与否不仅在于网页的色彩搭配、文字变化、图像处理，还在于网页的布局。网页布局是制作网页的重要环节，它包括对页面中各版块的位置、大小、间距以及叠加关系等方面的规划。下面介绍几种常见的网页布局技巧。

3.3.1 延伸

当网页中 2 个版块内容之间有所关联时，通常会将 2 个版块居中对齐进行布局，如图 3-13（a）所示，这样的布局方式会导致版块之间过渡生硬；而图 3-13（b）所示的延伸布局方式打破了 2 个版块之间的界限，使 2 个版块出现交叉，从而不仅增强了网页的活力，而且使两个版块的信息更有连接性，效果如图 3-14 所示。

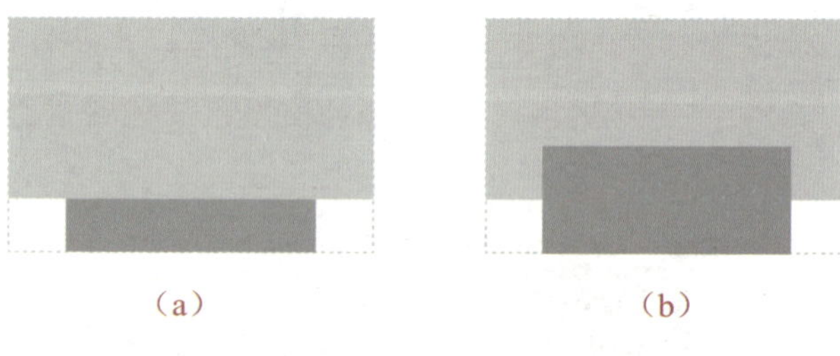

图 3-13　版块的对齐与延伸

图 3-14　采用版块延伸处理的网页

3.3.2 曲线

在对网页布局时，常用直线分割版块。这样的布局方式虽然不会出错，但过多的直线分割会让画面显得死板，如图 3-15（a）所示。而通过改变分割线形状，如将直线改为曲线、折线等，能有效地解决这个问题，如图 3-15（b）所示，效果如图 3-16 所示。

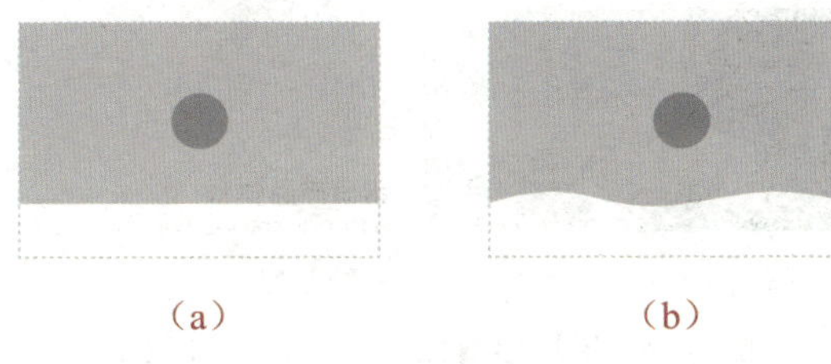

（a）　　（b）

图 3-15　用直线和曲线分割版块

图 3-16　采用曲线分割的版块布局

3.3.3 过渡

对称型是目前比较流行的网页布局方式之一，采用这种布局的页面简洁大气，能够有效避免因图片与文字叠加造成的混乱，但由于对称版块的颜色、样式不同，分割线会十分明显，导致版块间过渡生硬，如图 3-17（a）所示。此时，可将与版块内容相关的元素置于 2 个版块之间，对版块进行过渡处理，如图 3-17（b）所示。

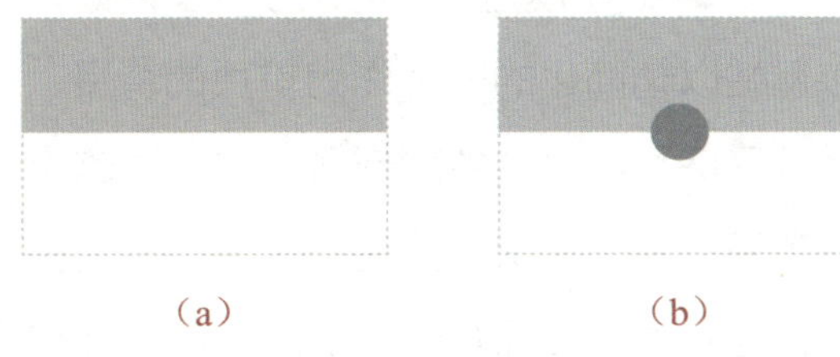

（a）　　（b）

图 3-17　版块之间过渡生硬和过渡自然

图 3-18 所示的网页中，设计师将产品图片横跨 2 个版块，巧妙地打破了生硬的分割线，让版块过渡更为柔和，并且为页面增加了活力。

图 3-18　采用产品图片过渡的对称布局

3.3.4 隐藏

对于 POP 型的页面布局来说，将图像中的所有信息集中放在版块中的某个位置会使页面显得小气，如图 3-19（a）所示。而通过提炼信息内容，保留主要信息，隐藏次要信息能使页面更加大气，如图 3-19（b）所示。

（a）　　（b）

图 3-19　版块内容的全显和部分隐藏

图 3-20 所示是一家电子技术类网站，该网站以精简化的图片作为首页的背景。图片只保留最具特色的部分，将次要的部分置于屏幕外，从而更有利于突出重要信息，同时也让画面有一定的延伸感，显得更加大气。

图 3-20 隐藏次要信息的 POP 型页面

3.3.5 层叠

网站的宣传版块通常使用图文结合的形式进行宣传，此时，使用图文平铺是最基本的信息排列方式，它能使页面显得整洁利落，如图 3-21（a）所示。如果将图片、文字等信息进行层叠，打破传统的左右、上下布局，能增加画面的透视与层次关系，使枯燥的图文说明方式更具设计感，如图 3-21（b）所示。

（a） （b）

图 3-21 版块的平铺和层叠

图片和文字的层叠布局虽然可以让画面充满动感，但需要注意的是，层叠方法应做到“形散神不散”，页面看似随意，实际上是经过设计师精心思考过的。在图 3-22 所示的页面中，左下角图片与其顶部的文字是左对齐，与其右侧的英文文字是底对齐；而右上角图片与其左侧的文字是顶对齐，与其底部的英文文字是右对齐。

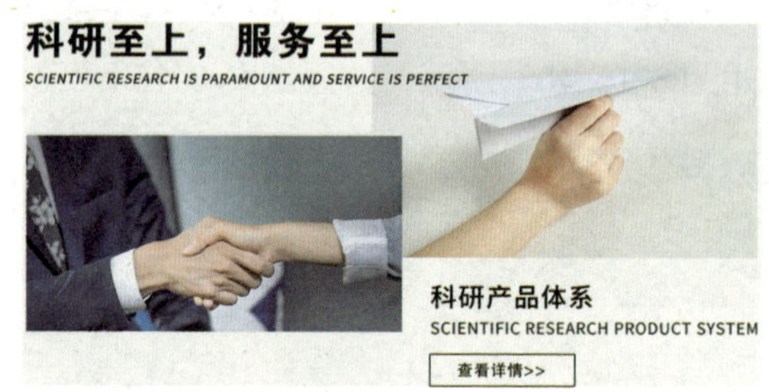

图 3-22 采用层叠图文的版块布局效果

3.3.6 错位

在网页布局时通常会遇到级别相同的多个版块，将这些版块一字排开，并将各版块的间距保持相同能给人规矩、整齐的感觉，如图 3-23（a）所示。如果将同级别的版块错位排列，可提升页面的亲和力并增加动感，如图 3-23（b）所示。

（a） （b）

图 3-23 同级别版块的对齐和错位

在图 3-24 所示的页面中，将 3 张图片进行波浪式的错位排列，虽然只是稍微改变了水平对齐的方式，但是立刻让画面充满了韵律感。

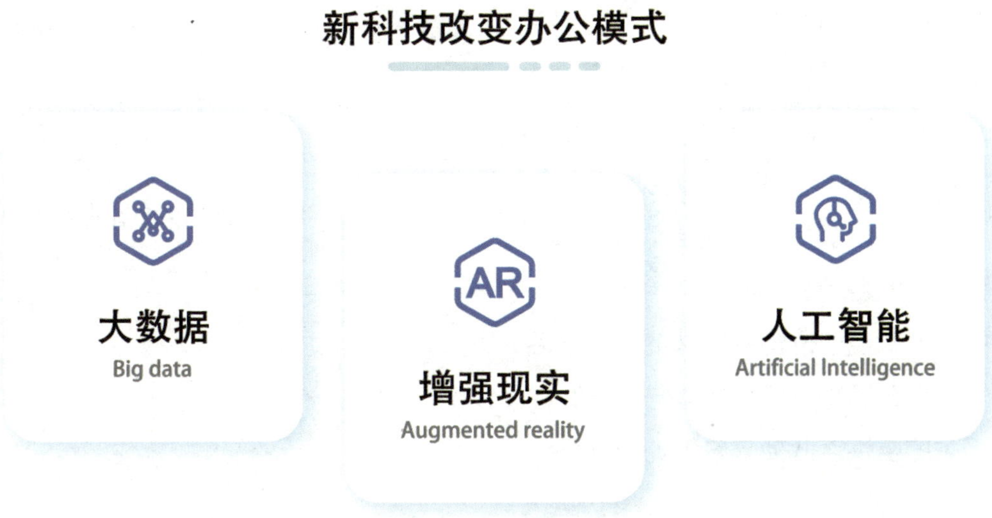

新科技改变办公模式
大数据
Big data
增强现实
Augmented reality
人工智能
Artificial Intelligence

图 3-24　采用错位排列版块的页面布局

3.4 课堂案例——分析企业网站页面布局

网页设计公司的设计师小杨接到一家电子产品销售公司网站的设计项目，该公司的项目负责人说："我公司是一家私营企业，主要从事电子产品的代销、批发等工作。现需要制作一个企业网站，主页内容包括首页、新品上市、产品展示、热卖配件几个主要导航项。此外，还需加入登陆、购物车、收藏、评论等功能。要求网站页面干净大气，分类清晰，使消费者能够轻松地找到所需信息。"

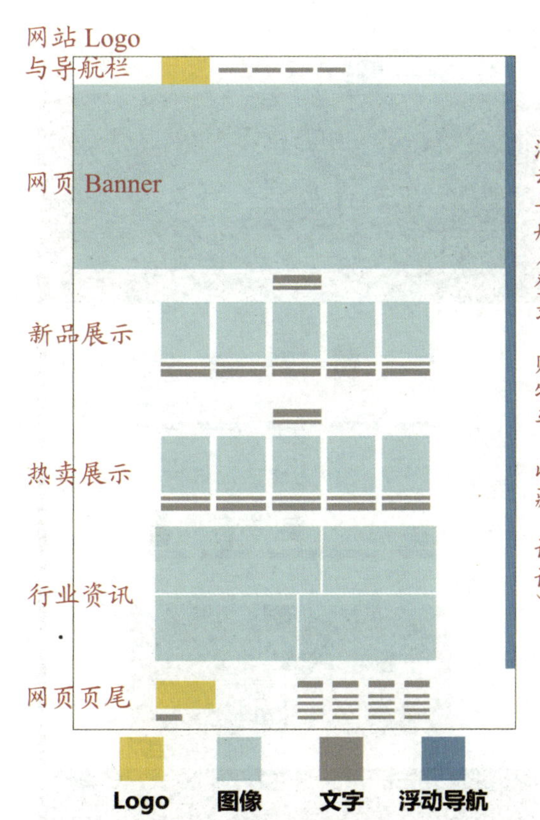

图 3-25 所示为小杨根据客户描述规划的网站首页基本布局图。该布局图主要由图像、文字、浮动导航几个色块组合而成，简洁明了地展示了网页的基本结构和图文比例，并且直观地表现了 Logo、导航栏、Banner、主体内容和页尾版块的位置。

网站 Logo
与导航栏
网页 Banner
新品展示
热卖展示
行业资讯
网页页尾
浮动导航（登录、购物车、收藏、评论）
Logo
图像
文字
浮动导航

图 3-25　网页的基本布局

在设计时，小杨将顶部导航栏与网站Banner的高度之和设定为950像素，使2个版块组成约一屏的高度，目的是让浏览者感受到Banner带来的强大视觉冲击；然后将新品展示版块与热卖展示版块依次排列，并控制各版块的间距，给人规整、简洁的感觉，便于浏览者挑选商品；最后添加一个资讯版块，用来放置与行业和本企业相关的咨询。此外，右侧的浮动导航中包括登陆、购物车、收藏、评论等功能，既保证了页首导航栏的简洁，又能始终为浏览者提供导航服务。

根据网页的布局结构，小杨结合该企业的商业模式和企业性质，对各版块进行设计和制作，最终完成的网页效果如图3-26所示。

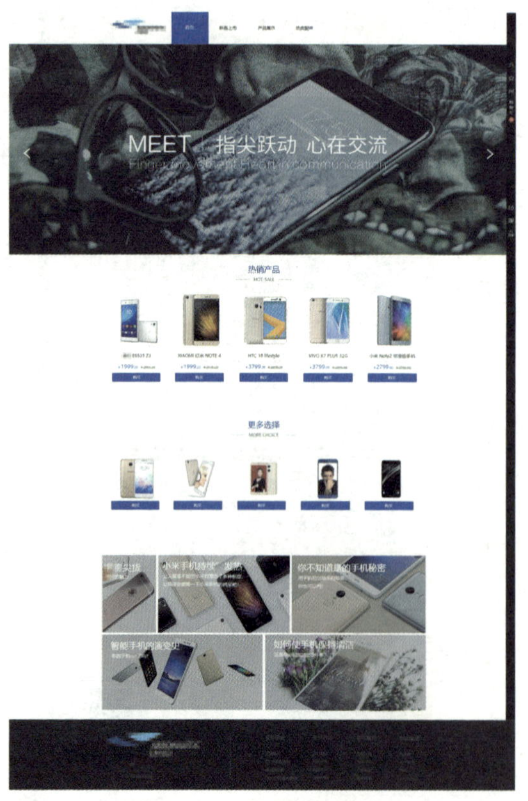

图 3-26　网页效果图

提示

清晰、规律的网页布局虽然能够使网页内容一目了然，降低浏览者的阅读障碍，但中规中矩的网页布局也会给人机械、古板的感觉，因此，应在满足网站基本功能需求的前提下多考虑一些创意，提高用户的浏览体验。

课后练习

（1）网页的定宽和自适应宽度分别指什么？常用的网页宽度有哪些？

（2）列举几个常见的网页布局类型，说明其特点。

（3）从网上搜集几个知名网站的主页和其他页面，分析其布局类型。

（4）为课堂案例中提到的电子产品销售公司网站首页重新设计一个布局（可利用Photoshop设计或在纸上绘制）。

第 4 章 网页元素设计（上）

情景模拟

文字和图片是网页最基本的组成元素，无论是网站 Logo、Banner、导航栏还是网页的其他内容，都由文字和图片组成，因此，在具体学习 Logo、Banner、导航栏等网页元素的设计前，需要先掌握文字和图像设计的基础知识。

掌握了网页配色和网页布局知识后，小张和同学们迫不及待地想开始学习网页元素的具体设计，以便接手校企合作企业交给他们的网页设计任务。下面，他们将从设计女装 Banner 文字开始，学习网页元素的具体设计。

学习目标

掌握网页文字的字符格式和排版设计，能够根据版面需要设计网页文字

掌握网页背景设计，能够根据需要合理地设计网页背景

了解网页图片的风格，能够在网页中应用符合网站风格的图片

4.1 网页文字设计

文字不仅是网站信息传递的重要载体，也是网页中必不可少的视觉符号，因此，网页文字的设计不仅影响网页的信息传播效果，而且直接影响页面的视觉美感。

4.1.1 认识字体

字体是指文字的风格特征。使用不同字体的文字，其笔画粗细、结构、形态等都不同。在计算机中，字体主要分为中文字体和西文字体两种类型。其中，中文字体包括宋体、黑体、仿宋体等；西文字体包括 Times New Roman、Arial Black 等。除书法体外，无论哪种字体，都是由衬线体和非衬线体演化而成的。

1. 衬线体

衬线体在笔画始末的地方有额外的装饰，且粗细会因笔画的不同而有所区别。此外，衬线体强调笔画的走势及前后联系，从而使前后文有更好的连续性，适合作为正文字体。

宋体与 Garamond 字体分别是最具代表性的中文和西文衬线体。宋体具有字形方正、横细竖粗、撇如刀、捺如扫、点如瓜子等特点。宋体是通用的印刷体，用大号字时公正肃穆，不失变化，用小号字时清秀典雅，便于识别。Garamond 兼具美观性和易读性，被誉为“衬线之王”，适合用于长时间阅读的文字，西方文学著作常用 Garamond 字体作为正文。图 4-1 所示为宋体和 Garamond 字体的对比。

图 4-1　宋体与 Garamond 字体

2. 非衬线体

非衬线体笔划粗细基本一致，适合用作标题之类需要醒目地方。通常书籍、文档的正文内容很少用非衬线体，而设计作品的正文内容有时会使用非衬线体。

黑体与 Arial 字体分别是典型的中文和西文非衬线字体。黑体也称等线体，包括雅黑、美黑、仿黑等，具有横竖粗细一致、方头方尾的特点，文字浑厚有力、朴素大方。Arial 字体是西文中常用的无衬线体，其字形干净、清晰，易于辨认。图 4-2 所示为黑体与 Arial 字体的对比。

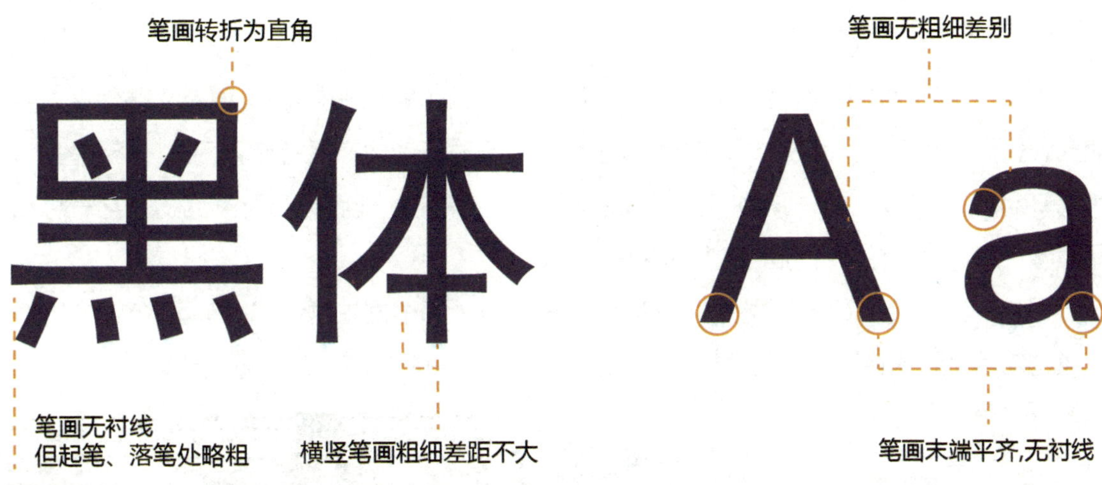

图 4-2 黑体与 Arial 字体

课堂互动

无论是衬线体还是非衬线体，字体都是具有性格的，不同字体的性格存在鲜明的区别。网页美工设计师应根据网站风格、产品特点选择合适的字体。请在图 4-3 所示的文字中选择分别适合“男人”和“女人”的 2 种字体并简述原因。

文艺 促销 昂贵 幼稚

激情 个性 立体 可爱

图 4-3 字体性格

4.1.2 网页文字字体设计

文字是传递信息的重要媒介，如何选择字体样式、笔画粗细、字号与颜色等是网页文字设计的重要部分。优秀的网页文字设计和排版不仅能够准确地传达设计者的意图，而且还能使浏览者在阅读时更加轻松。

1. 字体选择——笔画粗细

笔画较粗的字体能够传递力量感，更易识别，而笔画较细的字体会更有文艺气息，更加美观。网页美工设计者在选择字体，设置笔画粗细时应考虑产品特点和网站风格。图 4-4 所示 Banner 的字体以笔画较细的宋体为基础，经艺术化处理后，凸显产品的文艺气息和品质感，呼应“职业”“新品格”的主题。

图 4-5 所示 Banner 的主题是“运动”“力量”，设计师根据主题选用了笔画较粗的字体，并通过艺术化处理将文字与主体进行关联，图文结合，充分体现了主题的特点。

图 4-4 采用细笔画文案的 Banner

图 4-5 采用粗笔画文案的 Banner

2. 字号大小

设置字号时应考虑文字在网页中的阅读性和美观性。大号文字能起到强调、突出的作用，一般用于标题文字；甚至可根据需要将字号无限放大，让文字充当背景。小号文字则适合用于正文或辅助信息。

（1）中文字号。中文字的结构复杂且风格多变，当文字作为网页中的正文或辅助信息时通常在 10 像素以下便难以识别，一般需要达到 12 像素才能体现出不错的效果。为了兼具阅读性和美观性，网页中正文常用的中文字号为 10 ～ 14 像素，如图 4-6 所示。

产品优势

低成本

超高性价比是小米一直坚持的宗旨，以极低的价格享受高品质的服务

免布线

绝大多数产品都是无线通信，解决了布线问题，极大程度的降低了施工成本

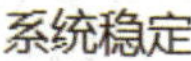

系统稳定

经过四年的实战，小米IOT已经积累了8500万智能设备在线，是全球最大的IOT平台

品类齐全

经过多年的积累，目前已经覆盖家庭生活各个品类，相关智能设备上百种，为用户提供丰富的选择

图 4-6 网页中常见的中文字号设置效果

（2）英文字号。英文字母简洁，无复杂结构，因此在可阅读的前提下，无论大小，都能显得简洁、清晰。常用的英文正文或辅助信息字号可设置为 9 ～ 13 像素，如图 4-7 所示。

A Digital Partnership

EVOLVED

At Designzillas, our team exists to create a ferocious online presence for every one of our diverse clients. Through our innovative Digital Partnership Solution, we fuse cutting-edge growth-driven website design, strategic inbound marketing tactics and monumental branding design services to produce colossal ongoing results. Our team works claw-in-claw with your business to keep you on the right path toward long-term digital success.

OUR PARTNERSHIP SOLUTION

图 4-7 网页中常见的英文字号设置效果

3. 间距大小

间距包括字距与行距 2 个方面，它们能影响浏览者的视觉体验和心理感受。

字距与行距的比例会影响浏览者视线的移动。在设置正文的文字参数时，若字距大于行距，浏览者会在阅读时产生疲劳感，容易发生串行的情况，因此，无论横排还是竖排文字，字距都应小于行距，否则会使文字内容失去延续性，造成阅读方向错误。

当文字用于艺术欣赏、广告宣传等时，文字的不同间距会产生截然不同的艺术效果。图 4-8（a）是加大文案字距和行距的 Banner，给人清新、舒展、时尚的感觉。图 4-8（b）则是紧缩文字间距的 Banner，给人压迫、力量的感觉。

（a）

（b）

图 4-8　字距不同的 Banner

4. 文字颜色

文字颜色能起到视觉导向作用，甚至通过颜色就能使浏览者区分信息的主次。虽然可以为网页文字设置多种颜色，但黑色和白色始终是使用最广泛的颜色，特别是在正文文字部分。而广告中的标题、关键词则可灵活处理。常用的文字颜色选择方法分别是从网站 Logo 中提取颜色，如图 4-9（a）所示；选择贴近主题的颜色，从产品中提取颜色，如图 4-9（b）所示。

（a）　　　　　　　　　　　　（b）

图 4-9　网页中文字颜色的不同选择方式

4.1.3　网页文字编排设计

网页中的文案是由一个个文字组合而成的。从平面构成的角度来看，单个的文字如同点，单行的文字如同线，而一行行的线组成的面就是文案。文字的对齐方式会影响文案的外形，形成不同形状的面，产生不同的视觉效果，并影响阅读体验。

1. 左 / 右对齐

左 / 右对齐的方式通常用于网页中的正文部分。当文案内容较多时，利用左 / 右对齐方式编排文案，在文字行首或行尾形成一条清晰的垂直线，另一端则长短不一，可使文案产生虚实变化，富有节奏感。该方式适合排列具有较多文字的页面，如图 4-10 所示。

2. 居中排列

居中排列是以页面或版块中心为准，使文字居中排列。这种对齐方式更具视觉冲击力，能够突出中心内容；不足之处是由于文案左右参差不齐，在阅读过多文字时会出现串行的情况。因此，居中排列方式适合处理文案内容较少的情况，如标题、辅助信息等，如图 4-11 所示。

图 4-10　网页中左对齐的文案

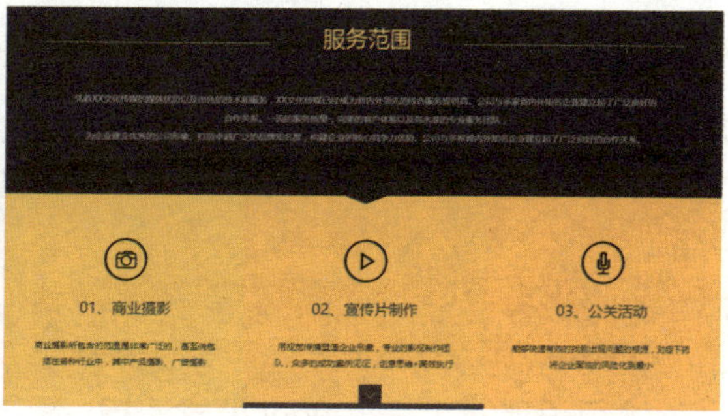

图 4-11　网页中居中排列的文案

3. 顶对齐

模仿古文的纵向版式能使页面更具文艺气息和动感。在纵向版式中，如果对文案进行顶对齐排列，可使文案更加规整。该方式适合用于宣传“文化”“艺术”等内容的网页，如图 4-12 所示。

图 4-12　网页中顶对齐的文案

4．自由编排

根据版面需要，还可将文案编排在页面的任意位置，使版式更加新颖。通常，自由编排的文案篇幅很短，可组成网页背景或导航项，如图 4-13 所示。

图 4-13　网页中自由编排的文案

4.1.4　课堂案例——设计女装Banner文字

本例设计的女装 Banner 要求清新、简洁、时尚，具有视觉冲击力，下面根据这些要求和提供的素材（见图 4-14）设计该 Banner。

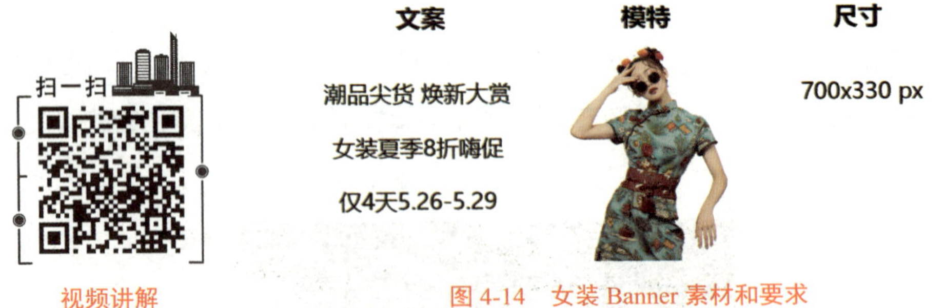

图 4-14　女装 Banner 素材和要求

作品展示

本例通过改变文案排列方式和 Banner 背景元素，打造清新、时尚和可爱 3 种风格的 Banner，效果如图 4-15 所示。

图 4-15　女装 Banner

设计思路

① 确认广告风格，文案层级；② 选择合适的背景、字体和辅助元素突出广告风格；③ 根据模特位置调整文案位置；④ 根据文案层级调整文字顺序。

案例步骤

步骤 1　启动 Photoshop，按【Ctrl+O】组合键，打开本书配套素材“第 4 章”文件夹中的“清新 Banner 素材 .jpg”图片，如图 4-16 所示。

步骤 2　选择工具箱中的“横排文字工具” T，利用工具属性栏设置字体为微软雅黑，大小为 30 点，颜色为白色，然后在图像中单击并输入“潮品尖货”，按【Ctrl+Enter】键确认输入；再分别单击并输入“焕新大赏”和“女装夏季 8 折嗨促”，如图 4-17 所示。

图 4-16　清新 Banner 素材

图 4-17　输入文案

提示

选择文字工具后，在图像中单击然后输入的文本称为点文本；选择文字工具后，在图像中拖出一个文本框，然后在文本框中输入的文本称为段落文本。用户可利用文字工具属性栏或“段落”面板设置段落文本的对齐方式、缩进和段间距等。

步骤 3　在“图层”面板中选中“焕新大赏”图层，然后选择“窗口”>“字符”菜单打开“字符”面板，设置字体为宋体，字号为 70，行距为 80，粗细为仿粗体，如图 4-18 所示；参考以上操作将“女装夏季 8 折嗨促”的粗细设为仿粗体。

步骤 4　选择工具箱中的“移动工具”，并在工具属性栏中勾选“自动选择”复选框，然后利用拖动方式调整各文本的位置，效果如图 4-19 所示。

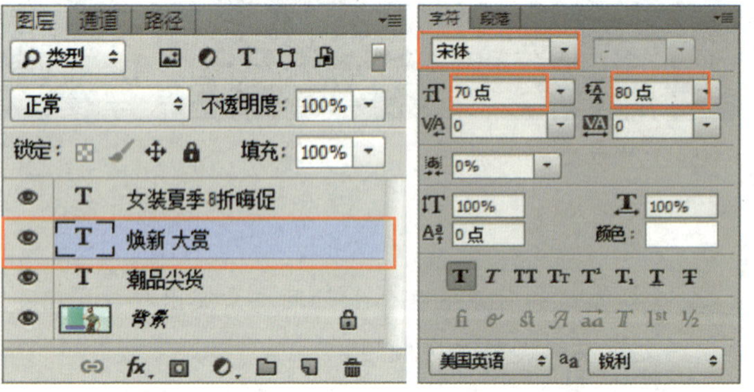

图 4-18　设置“焕新大赏”文本的字符格式

图 4-19　文案效果

提示

模特的动作、眼神具有很强的方向性。在使用人物素材的时候，要留意模特动作、眼神的方向，最好顺应眼神的方向放置重要信息，如图 4-20 所示。

文 案

×

文 案

图 4-20　合理的文案编排位置

步骤 5　使用“横排文字工具”T在模特右下角单击创建点文本，输入“5.26～5.29”，参考以上操作更改字体为微软雅黑，大小为 22 点，颜色为 #44d1be，粗细为仿粗体；再在输入的日期上方创建点文本，输入“仅 4 天”，更改字体为汉仪综艺体简，字体大小为 38 点，然后利用“横排文字工具”T拖动选中“4”，单独调整其字体大小为 60 点（调整完后需按【Ctrl+Enter】键确认）；最后调整各文字的位置，效果如图 4-21 所示。

步骤 6　为了突出主题，使广告更有活力，利用“横排文字工具”分别选中文案关键字“新”“8 折”“4”，分别将颜色设置为 #f3e829，效果如图 4-22 所示。

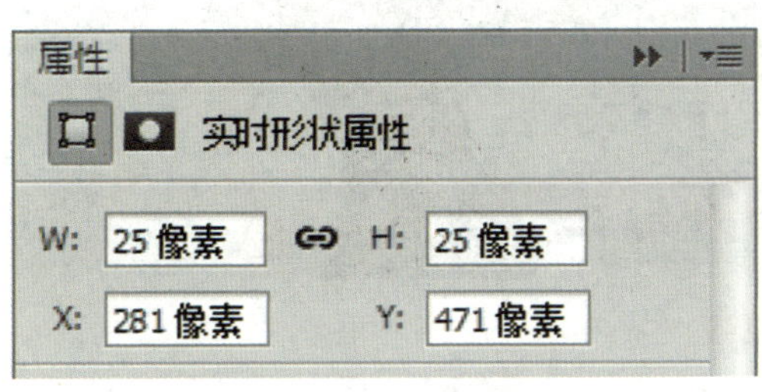

图 4-21　输入时间文案

图 4-22　更改关键字颜色

步骤 7　在“图层”面板中选中“换新大赏”图层，单击面板下方的“添加图层样式”按钮fx，从弹出的列表中选择“投影”，打开“图层样式”对话框，然后参考图 4-23 所示设置投影参数，为“换新大赏”文字添加投影图层样式。

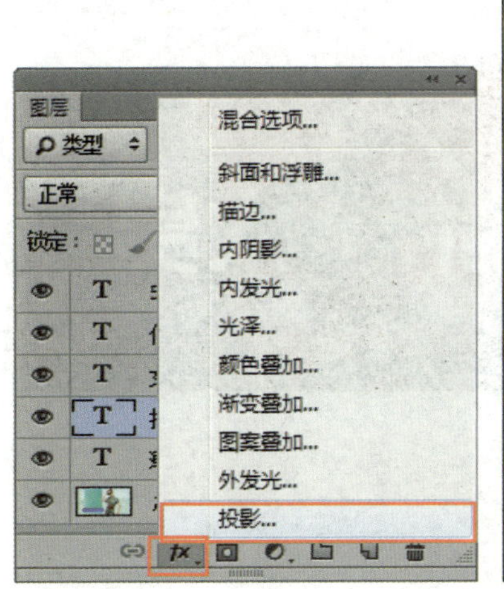

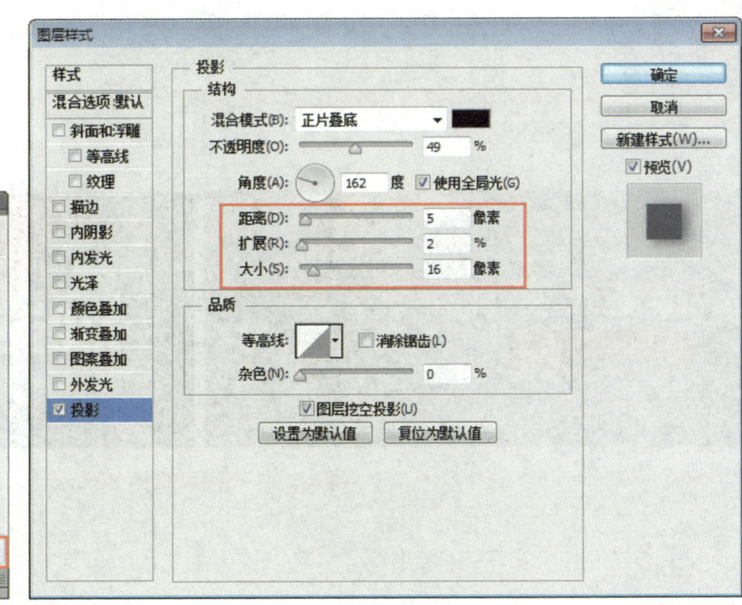

图 4-23　为“换新大赏”文字添加投影图层样式

步骤 8　选择工具箱中的“直线工具”，在工具属性栏中设置工具模式为“形状”，填充为无，描边颜色为白色，描边宽度为 2 点，然后拖动鼠标在“潮品尖货”的左侧绘制一条细线；使用“移动工具”选中细线，按住【Alt】键将其拖到文本右侧，复制出一个副本，效果如图 4-24 所示。

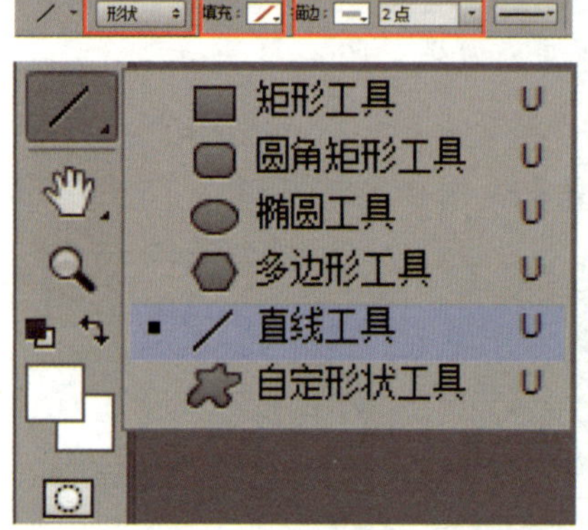

图 4-24　绘制细线

步骤 9　选择“文件”>“另存为”菜单，将图像以 PSD 格式保存，文件名为“清新 Banner.psd”；选择“图层”>“合并可见图层”菜单，将所有图层合并，然后将图像以 JPG 格式另存，文件名为“清新 Banner.jpg”。

举一反三

请利用上述案例中的素材，通过更改背景、字体和构图方式等，分别制作可爱风格和时尚风格的 Banner，效果如图 4-25 所示。

图 4-25　不同风格的 Banner

4.2 网页背景和图像设计

4.2.1 网页背景设计

网页背景是很重要的网页元素之一，它决定了网站的基调。网页背景主要分为两类，一类是使用纯色或渐变色作为网页背景。常用的颜色有白色、灰色、黑色、浅蓝色、浅绿色等，这些颜色能给人舒适、温和的感觉，便于访问者浏览网页内容，如图 4-26 所示。

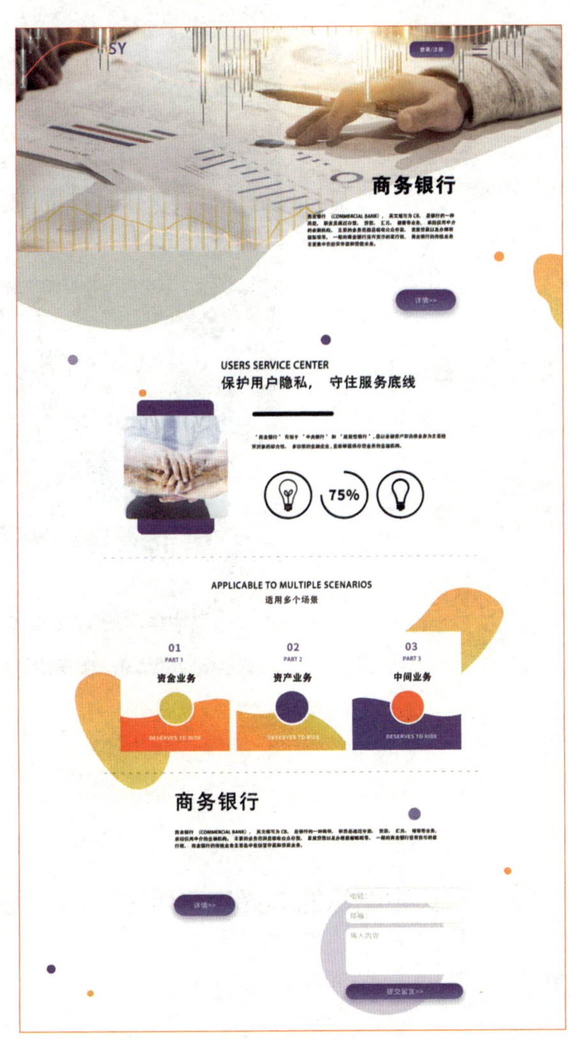

图 4-26　纯色背景的网页

另一类是应用图片作为网页背景，并按从上到下的浏览顺序，将场景、主题图像集中于页首，以此向浏览者叙述故事、传递情感，呼应网站主题或企业精神，而下方版块部分则使用与顶部图像相关联的素材进行衔接，使网页浑然一体，如图 4-27 所示。

图 4-27　图片背景的网页

4.2.2　网页图像风格

根据网站的主题和风格，网页中图像的选择应有所区别，常见的网页图像具有以下 3 种风格。

1．写实风格

采用经艺术加工修饰后的写实风格图像，能直观、真实地反应客观情况，使浏览者身临其境，常用于摄影、旅行、资讯、商品展示等网页。

图 4-28（a）所示为一家牙科医院的网站，其通过图像中医生为患者诊治的场景，真实地展现了医者的服务、着装、医院环境、服务器械等，使浏览者无须亲身抵达医院也能感受到医者对患者的服务态度。

图 4-28（b）所示为一家音乐网站，页面中人物用开心的表情表现听歌时愉悦的心情，从图中可直观地看出模特的性别、年龄层次等，从而体现产品的适宜人群。

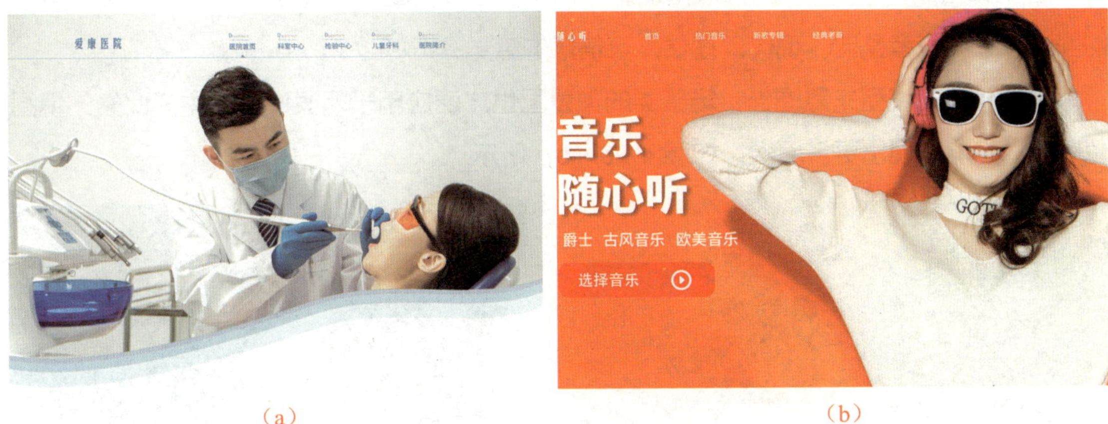

（a）　　（b）

图 4-28　写实风格的网页图像

2．手绘风格

手绘风格的图像更具亲和力，常用于可爱、童真、个性、夸张等风格的网页，如婴幼儿用品、动漫、游戏、服饰等。

图 4-29 所示为一家出售儿童商品的网站首页，手绘风格元素贯穿页面，使页面充满童真，给人轻松、活泼的感觉，非常贴合商品属性。

图 4-29　手绘风格的网页图像

除纯手绘外，也可将手绘风格的图像进行延伸，搭配真实的人或物，使画面增加动感，让平淡的图像跳跃起来。

3. 矢量风格

矢量风格的图像常用于科技、时尚等风格的网页。这类图像色彩鲜艳，对比效果强烈，具有很强的装饰性。

图 4-30（a）所示为一家互联网信息技术服务公司网站的页首部分，其采用矢量风格的图像，给浏览者整洁、现代、理性、可信赖的感觉。

除了简洁的线型矢量图外，场景类的矢量图也广泛应用于网页设计之中。此类矢量图色彩丰富，能表现出更多层次，如图 4-30（b）所示。

（a）　　（b）

图 4-30　矢量风格的网页图像

课后练习

（1）简述衬线体和非衬线的特点。

（2）分别简述粗笔画和细笔画的字体特点和应用场景。

（3）在网页设计中，文案有哪几种对齐方式？

（4）网页背景有哪两种类型？各有什么特点？

（5）网页图像有哪几种风格？各有什么特点？

（6）打开本章“文案排版练习 1.psd”素材，对素材中的网页文本进行编排操作，使网页美观并方便浏览。

（7）打开本章“文案排版练习 2.psd”素材，对 Banner 中的文案进行设计，要求排版合理，突出重点，并具有装饰性、引导性。

第 5 章 网页元素设计（中）

情景模拟

这天，与小张学校合作的企业找到小张的创业团队，请他们帮助设计几个网站的页面。小张的创业团队对这些网站做了分析，明确了网站的定位、功能、内容和风格，并规划好了网页的用色和布局，然后准备开始设计网站的 Logo 和导航栏等元素。

学习目标

了解网页 Logo 的设计类型，掌握网页 Logo 的设计方法

了解导航栏的设计类型，掌握导航栏的设计方法

了解网页页尾的设计原则和形式，掌握网页页尾的设计方法

能够根据需要设计网页 Logo、导航栏和页尾

5.1 网页 Logo 设计

Logo 是网站最重要的组成元素，其作用与企业商标类似，每一个 Logo 都是独一无二的，用于展示网站形象，提高网站辨识度。

5.1.1 Logo设计类型

网站 Logo 一般通过图形、文字组合而成，其设计既要具有象征意义，充分体现网站的理念、特色和内容，又要简约、美观、大气、独特，容易识别并让人印象深刻。

网站 Logo 分为图形型、文字型和图文型 3 种类型，下面分别介绍。

1. 图形型

图形型 Logo 用图形表达特定的含义和信息，又分为具象型和抽象型 2 种类型。

（1）具象型。具象型 Logo 是在具体现实图像的基础上，经过各种修饰，如简化、概括、突出和夸张等设计而成的，如图 5-1 所示。具象型 Logo 源于现实又高于现实，具有高度的辨识性，能够以清晰、明快的视觉形象传达出网站的精神和理念。

图 5-1　具象型 Logo

（2）抽象型。抽象型 Logo 是用点、线、面、体等造型要素设计而成的标志。它突破了具象的束缚，在造型效果上有较大的发挥余地，可以产生强烈的视觉刺激，但在理解上易于产生不确定性，如图 5-2 所示。

图 5-2　抽象型 Logo

2. 文字型

文字型 Logo 以文字为表现主体，题材一般是企业相关文字，如名称、简称、首字、缩略词等，如图 5-3 所示。文字型 Logo 更具实效性，它能在短时间内准确、清晰地传达企业品牌，树立企业形象。

文字型 Logo 不但要有美观的外形，更要注重其内在含义。以小米公司的 Logo 为例，该公司的核心理念是“为顾客省点心”，所以 Logo 是以中文“心”为基础，将文字垂直翻转，再去掉了一个点，将字形和 MI 相结合，是非常妙的文字型 Logo；类似的还有亚马逊公司的 Logo，该 Logo 中箭头的始末表明 Amazon 的产品销售范围从 A 到 Z，同时箭头的形状如同嘴角上扬的微笑，代表 Amazon 的优质服务。

图 5-3　文字型 Logo

提示

制作文字型 Logo 的方法：思考 Logo 的意义与客户需求、企业、产品等因素的关联，然后分析文字中笔画、字母之间的联系，再对整体文字进行组合、变形，制作 Logo 草图。例如，可以针对汉字中笔画的“点”或英文中“o”“i”“l”等字母进行变形，因为这些笔画或字母很容易让人联想到生活中的太阳、电灯、树木等事物。

3. 图文型

图文型 Logo 是由图形与文字组合而成的。这种 Logo 歧义性低，视觉效果好。但 Logo 中元素丰富，容易复杂化，因此图形或文字通常只侧重一方。

（1）图形为主。以图形为主的 Logo 中，文字通常只起到说明作用，但字形会与图形呼应，文字的平滑或锐利都与图形形象相关，如图 5-4 所示。

（2）文字为主。以文字为主的 Logo 中，文字面积较大，图形作为辅助，二者相互结合传达企业形象和理念，如图 5-5 所示。

图 5-4　图形为主的 Logo

图 5-5　文字为主的 Logo

课堂互动

根据所学知识，以自己的名字为基础，在纸上设计出 5 个不同类型的文字变形图形。

5.1.2　Logo设计误区

以下是 Logo 设计中的常见误区，了解这些误区，能在 Logo 设计中避免错误。

1. 敏感符号

除特殊需求外，Logo 设计中使用的符号和图案最好不要直接涉及国家、宗教或习俗，以免引起误会。如果在 Logo 中需要体现某个国家，应尽量提取该国家的气质特征和代表元素，而不是直接使用旗帜。

2. 复杂

复杂的 Logo 辨识度低，不利于企业形象树立。Logo 的寓意应做到简洁深刻，使 Logo 无论从形象还是意义方面都能给浏览者留下深刻印象。例如，图 5-6 和图 5-7 为比亚迪汽车不同时期的标志，很明显新标形式更加简洁，令人印象深刻。

图 5-6　比亚迪旧标

图 5-7　比亚迪新标

3. 无规律的颜色变化

颜色搭配是制作 Logo 的核心要点之一，优秀的配色方案会使 Logo 效果锦上添花，反之则会使 Logo 效果降低。通常，Logo 色彩的变化不宜过多，如果必须使用多种颜色，则要求颜色鲜活明丽，有章可循。

4. 实用性差

追求细节可以使 Logo 更加完善，但过于烦琐则会导致 Logo 不利于实际应用。Logo

不仅用于网络，还会以实体形式印刷或喷绘出来，如果 Logo 在缩小或放大后的表现效果不同，或颜色无法在印刷中表现，将不利于在实际中应用。例如，图 5-8 和图 5-9 为吉利汽车不同时期的标志，新标比旧标的外形更加简洁，有利于实际应用。

图 5-8　吉利旧标

图 5-9　吉利新标

提 示

在设计阶段，可以将 Logo 缩小到一元硬币大小，看看能否看清 Logo 的主体内容和细节，无法看清的部分需要删除或调整。

5.1.3　课堂案例——设计房地产公司网站Logo

小张的创业团队接到一个设计房地产公司 Logo 的项目。在与该项目负责人沟通时，对方是这样描述需求的："作为富奥的企业形象，我希望 Logo 是中英文结合的文字型 Logo，并且 Logo 需要符合时代美感，外形俊朗、张弛有度，能够体现我公司坚实稳健、积极向上的形象。"

视频讲解

作品展示

根据需求分析设计的 Logo 如图 5-10 所示。该 Logo 以富奥的拼音"FUAO"作为创意基础，Logo 外形呈矩形，坚实稳固、极致俊朗，彰显富奥品质与信赖之感。以红色和蓝色作为标准色，字母"F"中的红色形状如同建筑的顶层，寓意方正公平；字母"A"中的红色三角形如同建筑基础，寓意坚实稳固。Logo 字母刚柔并济、富有韧性，给人张弛有度、诚实稳健的视觉感受，能够展现富奥以诚相待、和谐共赢的商道理念。

FUAO富奥地产

图 5-10　富奥 Logo

设计思路

① 客户属于地产行业，为突出 Logo 俊朗的感觉，将 Logo 外形设计为矩形，提取字母中矩形与三角形元素，使 Logo 更富有设计感。② 当前的流行趋势是“扁平化”，因此不对 Logo 进行三维处理。③ Logo 使用红、蓝配色，红色象征向上、进取，蓝色象征成熟稳重，体现地产行业的特点。

案例步骤

步骤 1　在 Photoshop 中新建文档，设置文档尺寸为 1000×200 像素，分辨率为 300 像素 / 英寸，颜色模式为 RGB，背景为白色。

步骤 2　选择“横排文字工具” T，在“字符”面板中设置字符参数，然后在文档窗口中单击，输入“FUAO”文字，如图 5-11 所示。

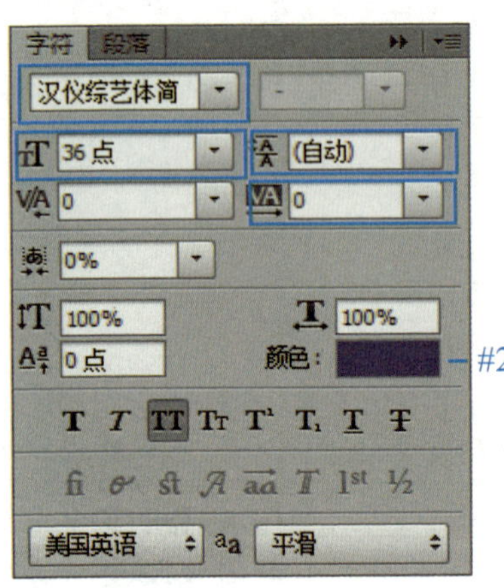

图 5-11　输入文字

步骤 3　在“图层”面板中右击“fuao”图层，从弹出的快捷菜单中选择“转换为形状”，将文字转换为形状，然后按【Ctrl+R】组合键打开标尺工具，为“F”边缘添加辅助线，如图 5-12 所示。

步骤 4　选择“添加锚点工具”，在“F”中单击添加 4 个锚点（左侧 3 个，右侧 1 个），然后使用“直接选择工具”框选中间的 2 个锚点，按【Delete】键删除，将“F”分为上下两部分，如图 5-13 所示。

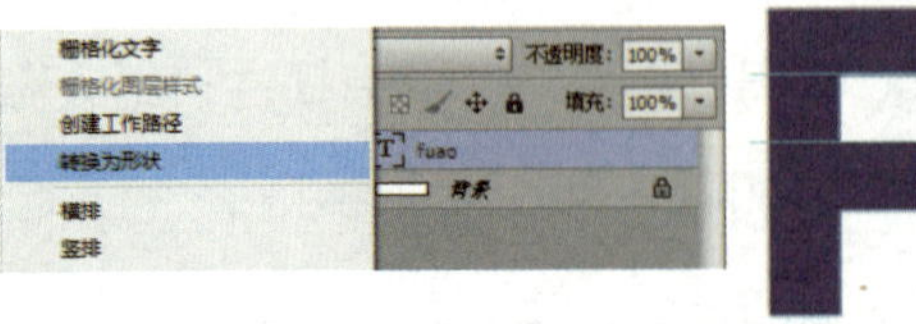

图 5-12　将文字转换为形状并添加辅助线

图 5-13　添加并编辑锚点

步骤 5　使用“直接选择工具”框选“F”下部分形状右侧的两个锚点，水平向右移动，使其与辅助线对齐，然后使用“直接选择工具”框选“F”上部分形状，按【Ctrl+J】

组合键复制矩形，再将复制后的矩形颜色调整为红色，如图 5-14 所示。

图 5-14　复制并更改矩形颜色

步骤 6　为字母“A”添加辅助线，框选字母内部白色三角形的锚点，按【Delete】键删除，然后选择内部左侧锚点，将其拖动至顶部辅助线交叉处，如图 5-15 所示。

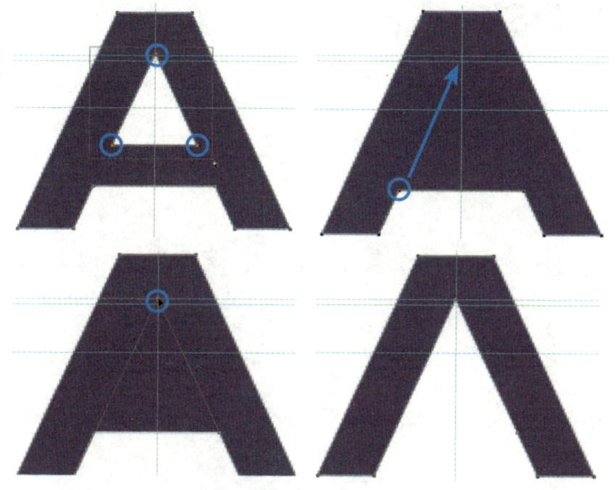

图 5-15　编辑形状

步骤 7　新建图层，选择“钢笔工具”，将绘图模式调整为“形状”模式，填充设为红色，并取消轮廓填充，然后依次单击绘制等腰三角形，如图 5-16 所示。

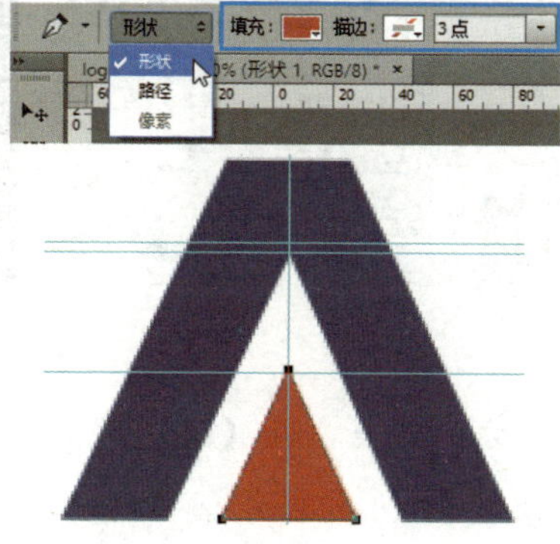

图 5-16　绘制三角形

步骤 8　使用“横排文字工具”输入“富奥地产”文字，调整文字大小和位置，并将其转换为形状。

步骤 9　使用“直接选择工具”分别调整“奥地产”底部形状，使文字连接成一体，如图 5-17 所示。

图 5-17　输入并调整文字

步骤 10　使用“移动工具”选中 Logo 字母部分，按【Ctrl+G】组合键编组，然后选中所有图层，单击工具属性栏中的“垂直居中对齐”按钮，使文字水平居中对齐，最后调整图形位置与大小，完成 Logo 制作，效果如图 5-18 所示。

图 5-18　调整 Logo

5.1.4　课堂案例——设计传媒公司网站Logo

小张的创业团队接到一个制作传媒公司 Logo 的项目，该客户正计划组建一个影视传媒公司，希望以 VIDEO ARTIST（视频艺术家）文字为基础制作 Logo，以此展现视频艺术的魅力，要求 Logo 大气，识别度高。

视频讲解

作品展示

根据需求分析设计的Logo如图5-19所示。该Logo以“VIDEO ARTIST”文字作为创意基础，提取单词首字母“V”与“A”巧妙结合制作而成。该Logo形如纽带，蕴含三个“一”形于其中，寓意三三不尽、生生不息的驱动力，体现企业聚沙成塔、积水成渊的战略构想；配色以渐变的红色和蓝色为主，给人勇往直前、诚实稳健的视觉感受，并展现出企业大气磅礴、气贯长虹的气势。

图 5-19　视频艺术家 Logo

设计思路

① 提取英文首字母，明确叠压关系，制作Logo主体；② 客户属于传媒行业，该行业的特点是时尚，艺术气息浓厚，因此调整Logo形状，使其更富有动感；③ 动感的形状搭配渐变色，能让Logo更有魅力。

案例步骤

步骤 1　在Photoshop中新建文档，设置尺寸为1000×700像素，分辨率为300像素/英寸，颜色模式为RGB，背景色为白色。

步骤 2　从工具箱中设置前景色为黑色，选择“圆角矩形工具”，从工具属性栏中取消描边，单击文档窗口中的空白处，创建圆角矩形，如图5-20所示。

图 5-20　绘制圆角矩形

步骤 3　使用“直接选择工具”框选圆角矩形上方的锚点，按【Shift+→】组合键向右平移180像素（每按一次按键平移10像素），如图5-21所示。

步骤 4　选择圆角矩形顶部右侧的锚点，按【Shift+→】组合键向右平移30像素，并拖动锚点两侧的控制柄调整上方圆角弧度，再按此方法对圆角矩形下方锚点做反方向变形处理，如图 5-22 所示。

图 5-21　调整圆角矩形锚点　　　　图 5-22　调整圆角弧度与下方锚点

步骤 5　双击“圆角矩形 1”图层，然后参考图 5-23 为其添加渐变叠加样式。

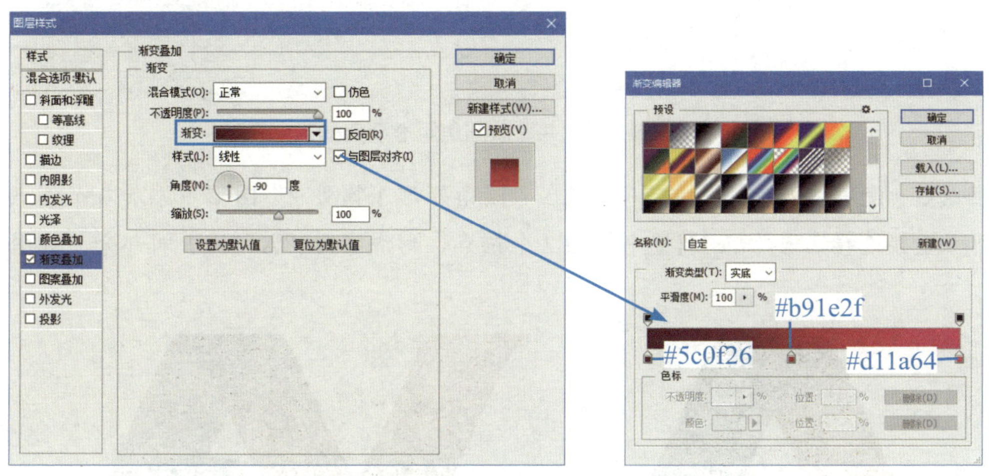

图 5-23　添加渐变叠加样式

步骤 6　按【Ctrl+J】组合键复制图层，然后使用“移动工具”选择“圆角矩形 1”图层；按【Ctrl+T】组合键，利用出现的自由变形框水平翻转图形（向右拖动变形框左侧中间的控制点），按【Enter】键确认（也可选择“编辑”>“变换”>“水平翻转”菜单）；调整复制后的图形位置，然后双击“圆角矩形 1”图层中的 fx 图标，从弹出的对话框中更改渐变角度为“90”，如图 5-24 所示。

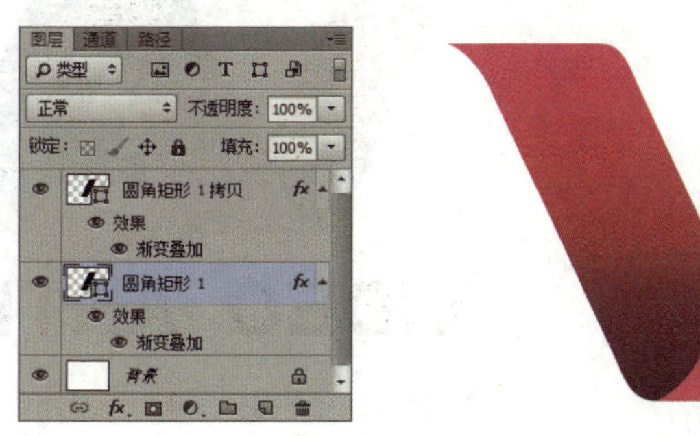

图 5-24　复制并调整圆角矩形

步骤 7　按住【Alt+Shift】组合键，使用“移动工具”水平向右拖动左侧的图形，复制出一个副本，组成字母“A”的右侧，再双击复制的图层，从弹出的对话框中参考图 5-25 更改渐变叠加的颜色。

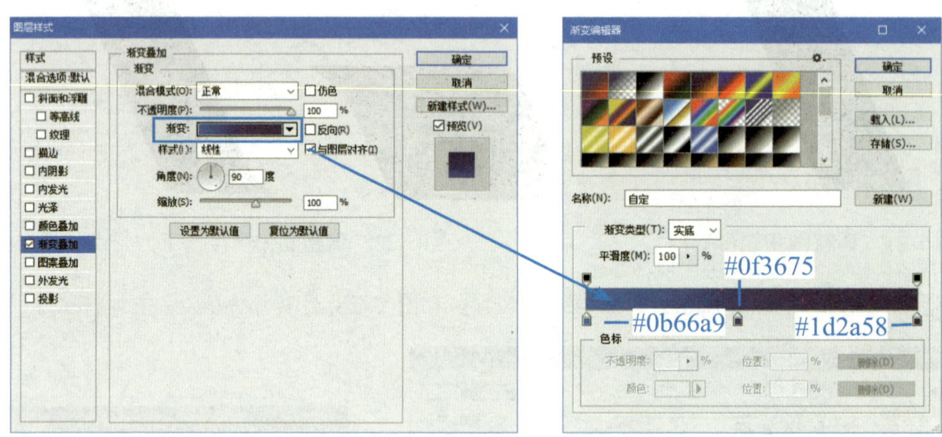

图 5-25　复制并更改圆角矩形渐变样式

步骤 8　使用“添加锚点工具”在“圆角矩形 1 拷贝 2”图形中添加 4 个锚点，然后使用“直接选择工具”调整中间的 2 个锚点，形成字母“A”的中间部分，如图 5-26 所示。

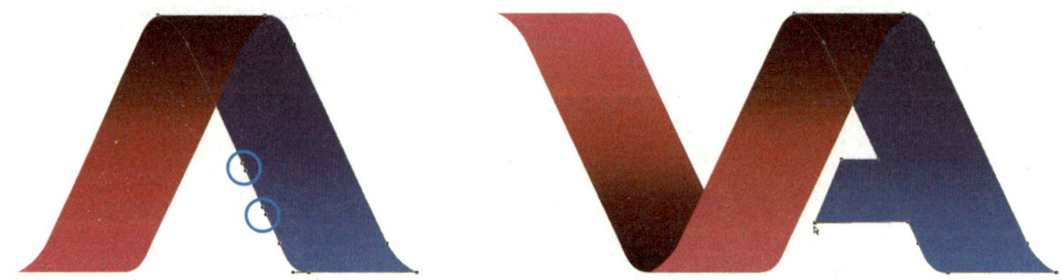

图 5-26　绘制形状

步骤 9　选择“横排文字工具”，在“字符”面板中设置参数，输入“VIDEO ARTIST”文字，置于图形下方，如图 5-27 所示。到此，便完成了 Logo 的制作。

图 5-27　输入文字

举一反三

选择自己喜欢的动物形象，设计并制作图形 Logo。要求如下：① 规格：尺寸大小控制在 800×800 像素，分辨率 72 像素 / 英寸，RGB 模式，以 PSD 格式进行储存。② 图形表达准确，具有一定的设计感。③ 图形结构协调，富有美感。④ 色彩运用恰当，与内容相符。

5.2 网页导航栏设计

导航栏在网站设计中的地位举足轻重。清晰的导航栏能帮助用户更快、更准确地找到想要浏览的内容，提高用户在网站的停留时间，减少跳出率。

5.2.1 导航栏类型

根据导航栏在网页中的位置，常见的网页导航栏有以下几种类型。

1. 顶部水平导航栏

顶部水平导航栏通常位于网站页面的页首，适合显示 3 ～ 10 个导航项，是最常用的网站导航设计类型之一。当导航项与下拉子菜单结合时，可将网站所有重要的信息向用户展示，如图 5-28 所示。

图 5-28　顶部水平导航栏

2. 纵向固定导航栏

纵向固定导航栏通常可以兼容不同的屏幕尺寸，不论页面滚动到何处，导航栏的位置都不会改变，从而既可节省空间又可让浏览者随时找到导航项，如图 5-29 所示。

图 5-29　纵向固定导航栏

3. 底部导航栏

将导航栏放在页面底部，页首顶部少了导航栏的设计让页面看起来更通透，增加了页面的自由感。但底部导航有一定的局限性，一般用于以图片展示为主的页面中，如图 5-30 所示。

图 5-30　底部导航栏

4. 场景导航栏

场景导航栏通常以图片作为背景，以图片中的元素作为导航项。这样的导航设计方式十分新颖，能给人自由放松的感觉。但由于背景复杂，设计场景导航栏需要设计师具备良好的画面掌控能力，否则难以突出导航项，如图 5-31 所示。

图 5-31　场景导航栏

5. 不规则导航栏

不规则导航栏以文字和图片作为导航项，并将它们分布在页面中。这种大小不一、颜色各异的导航项能让人耳目一新，同时可以为网页整体带来生机和活力，增强网页的吸引力，如图 5-32 所示。

图 5-32　不规则导航栏

5.2.2 导航栏设计注意事项

1. 图标风格

为了增强视觉吸引力，设计师有时会在导航栏中加入图标，但图标的表现形式应当统一，如图 5-33 所示。

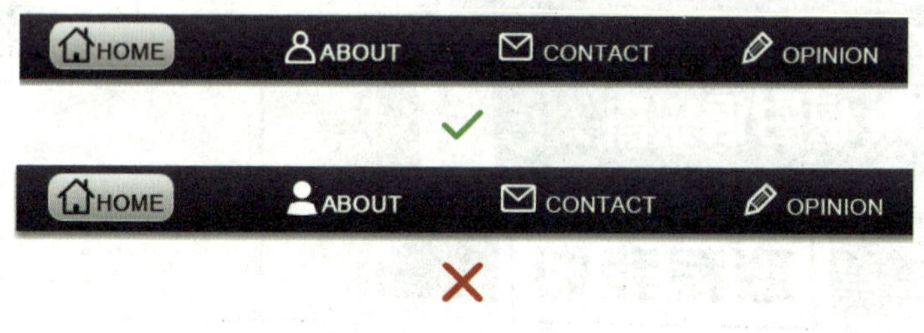

图 5-33 图标风格

2. 文字尺寸

网站前端开发人员制作网页时，奇数的字符尺寸会使文字产生毛边，因此为使网页效果更加精致，通常选择偶数值的字符尺寸，如图 5-34 所示。

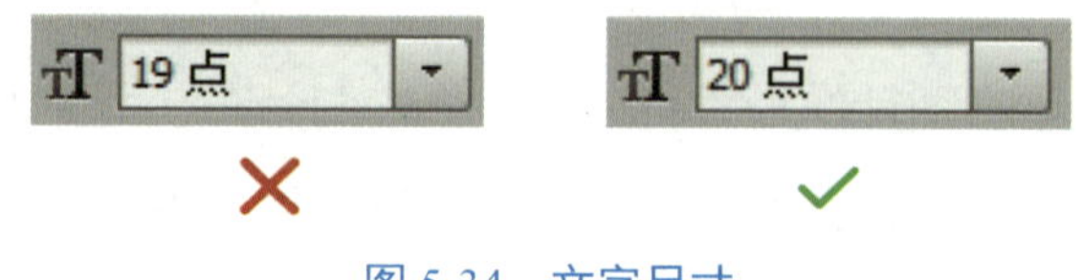

图 5-34 文字尺寸

3. 文字统一

导航项的文字应统一，不宜中文、英文混合搭配，如图 5-35 所示。

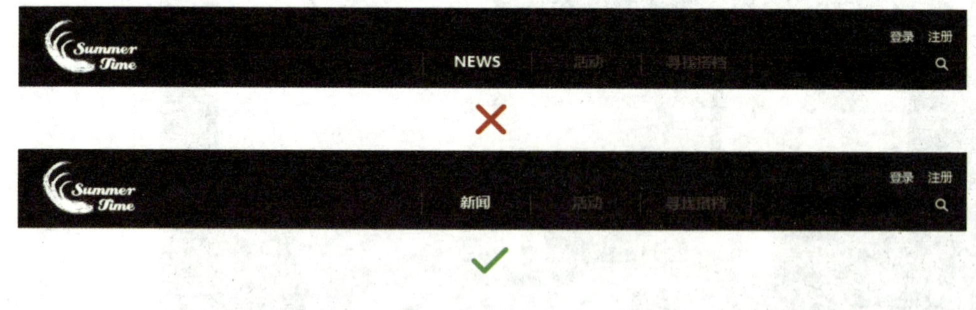

图 5-35 文字统一

4. 颜色设置

许多设计师习惯用改变文字透明度的方式更改文字颜色，虽然这样很方便，但不利于前端开发人员提取文字色彩，因此应避免调整文字不透明度，如图 5-36 所示。

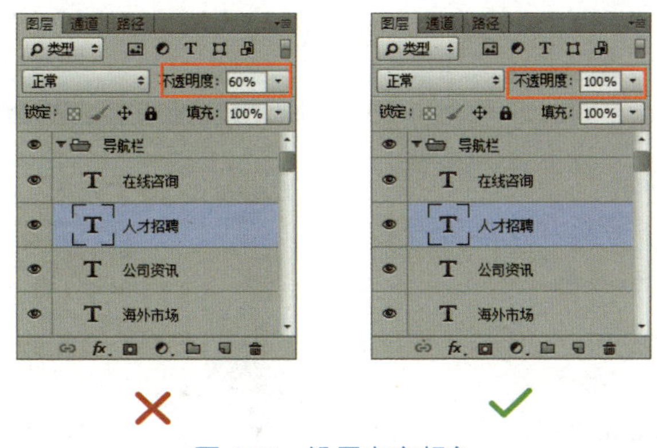

图 5-36　设置文字颜色

5.2.3　课堂案例——设计企业网站导航栏

小张的创业团队接到一个销售电子产品的企业网页制作项目，经与项目负责人沟通，最终确定了网页制作的方向。其中，对网页导航栏的设计要求为：网页导航栏整洁、清爽、大方，能够让浏览者一目了然；宽度为 1200 像素；导航项包括首页、关于我们、主营业务、服务中心和人才招聘，并且需要加入站内搜索版块以便浏览者能够快速找到所需信息。

视频讲解

作品展示

根据需求分析设计的导航栏如图 5-37 所示。该导航栏以灰色渐变的圆角矩形为主体，加入金属质感的导航项分割线，使用蓝色作为展开项颜色，通过色彩提升了导航栏的科技感。此外，通过二级导航项让导航栏包含更多信息，方便浏览者使用。

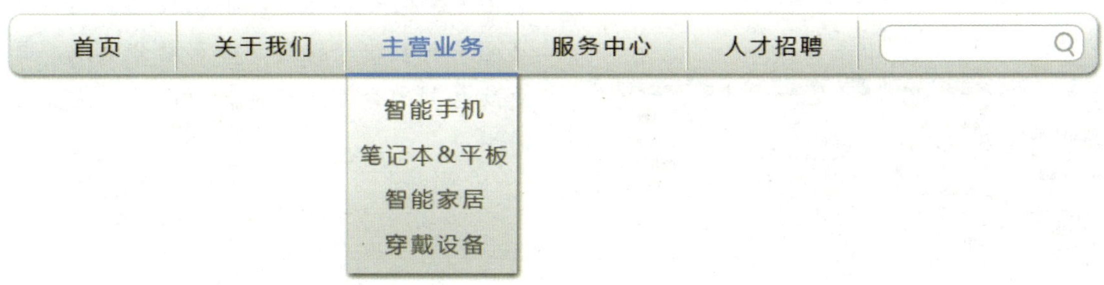

图 5-37　电子产品销售企业网站导航栏

设计思路

该导航栏主要由导航栏背景、分割线、搜索版块和导航项文字构成，主要设计思路为：① 该企业属于科技类型，制作导航栏主体与搜索版块时，用圆角矩形体现人性化，用金属渐变色体现科技感；② 制作导航项分割线时，采用金属质感的分割线进行均等分布，呼应导航背景；③ 将展开导航项与提示线设置为蓝色，体现科技感。

案例步骤

步骤 1　在 Photoshop 中新建文档，设置文档尺寸为 1200×500 像素，分辨率为 72 像素 / 英寸，颜色模式为 RGB，背景色为白色。

步骤 2　新建图层，命名为“导航栏背景”，选择“圆角矩形工具”，设置圆角半径为 10 像素，绘制大小为 1200×70 像素的黑色圆角矩形，如图 5-38 所示。绘制好圆角矩形后，用户可利用工具属性栏或“属性”面板设置圆角矩形的大小等参数。

图 5-38　绘制圆角矩形

步骤 3　为“导航栏背景”图层添加图层样式，在“图层样式”面板中分别设置“描边”“渐变叠加”“投影”样式的参数，如图 5-39 所示。

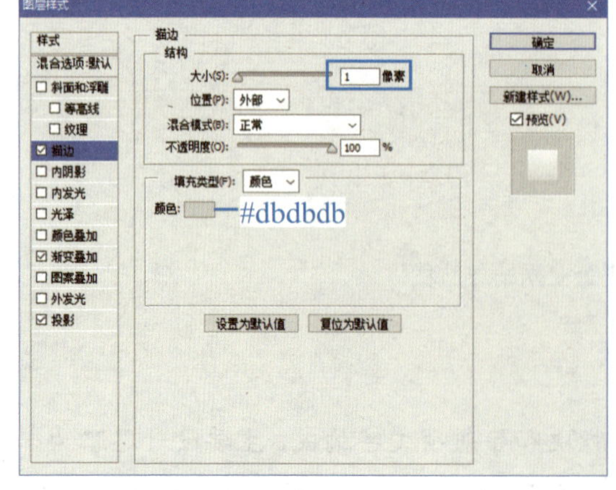

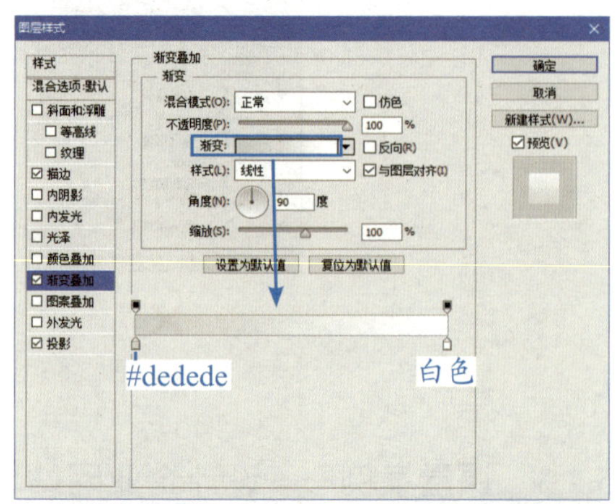

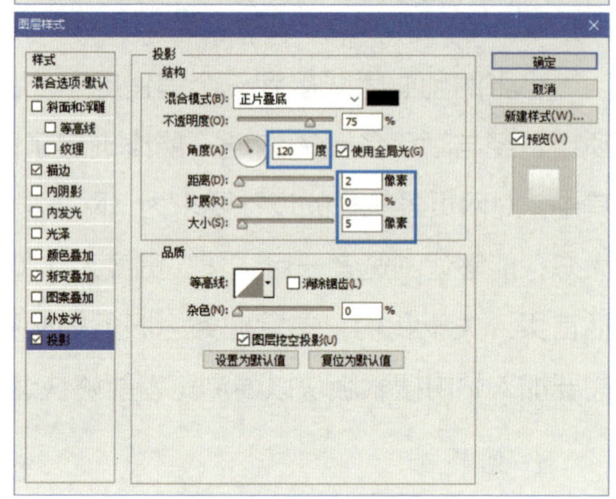

图 5-39　设置图层样式

步骤 4　新建图层，命名为“分割线”，使用“矩形选框工具”绘制高 60 像素，宽 1 像素的矩形选区，填充灰色，然后按【Alt+ ←】组合键复制并移动分割线，并更改复制的分割线颜色为白色，如图 5-40 所示。

图 5-40　绘制分割线

步骤 5　在“图层”面板中选中“分割线”和“分割线拷贝”图层，按【Ctrl+G】组合键编组，更改组名为“分割线”，然后按住【Alt+Shift】组合键，使用“移动工具”水平移动并复制4次分割线，效果如图5-41所示。

图5-41 复制并水平移动分割线

步骤6 使用“移动工具”选择最左侧的分割线，置于导航栏背景左侧180像素处，然后选择最右侧的分割线置于导航栏背景右侧270像素处，再选中所有分割线，单击工具属性栏中的“水平居中分布”按钮，将分割线均等分布（注意预留出右侧搜索版块位置）。在“图层”面板中选中所有“分割线”组，按【Ctrl+G】组合键编组，更改组名为“分割线组”，如图5-42所示。

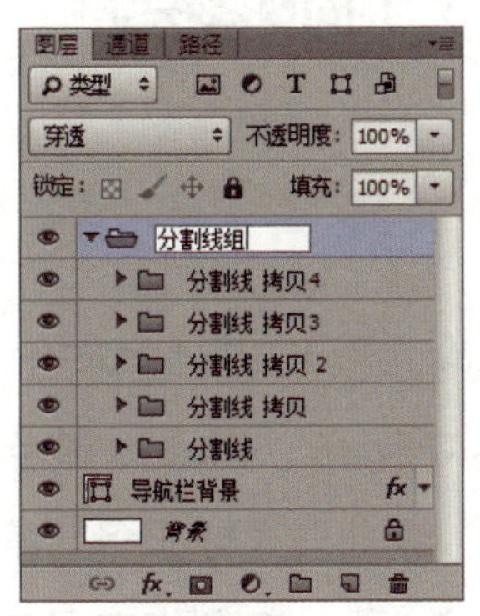

图5-42 复制并调整分割线位置

步骤7 使用“圆角矩形工具”绘制尺寸为225×40像素，圆角半径为10像素，形状填充为白色，轮廓填充为灰色，描边宽度为0.28的圆角矩形，并将图层命名为“搜索框”；使用“椭圆工具”绘制尺寸为25×25像素的椭圆，参数与圆角矩形相同，并将图层命名为“镜片”；使用“矩形工具”绘制2×12像素的灰色矩形，并将图层命名为“镜柄”，效果如图5-43所示。

图5-43 绘制搜索版块

步骤8 使用“移动工具”调整各形状位置，然后在“图层”面板中选中“搜索框”“镜片”“镜柄”图层，按【Ctrl+G】组合键编组，并更改组名为“搜索”，如图5-44所示。

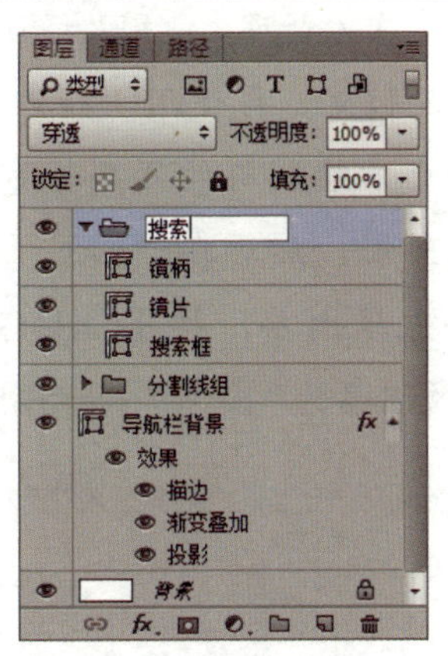

图5-44 调整搜索版块位置并编组

步骤9 选择“矩形工具”，在导航项第三部分绘制185×225像素大小的矩形，将图层命名为“展开项背景”，并移动至“导航栏背景”图层下方，然后按住【Alt】键，单击并拖动“导航栏背景”图层中的图标至“展开项背景”图层上，复制图层样式，如图5-45所示。

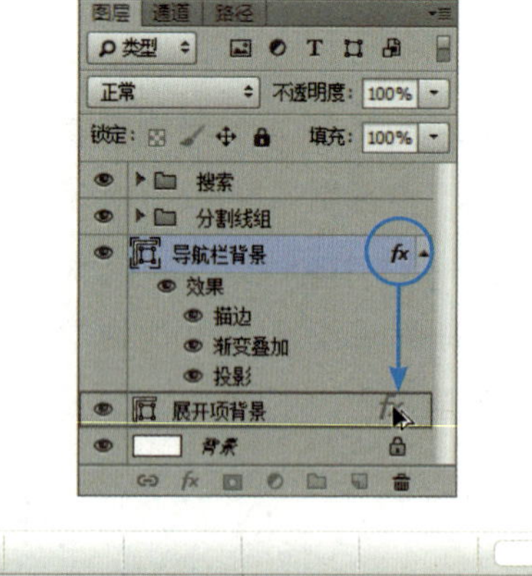

图 5-45 绘制导航项展开部分

步骤 10 选择“横排文字工具”，在“字符”面板中设置字体为微软雅黑，字符大小为 18，文字颜色为黑色，然后分别输入各导航项名称，并将“主营业务”文字颜色更改为蓝色；使用“移动工具”调整文字的位置，再使用“矩形工具”在展开项上方绘制与展开项等宽，高度很小的蓝色矩形，然后在“图层”面板中选中所有导航项图层，按【Ctrl+G】组合键编组，更改组名为“文字”，如图 5-46 所示。

图 5-46 添加并调整导航项文字

提示

通过改变字体颜色可区分文字的级别和状态，这是处理文字时常用的方法。

5.2.4 课堂案例——设计商城网站导航栏

小张的创业团队接到一个商城网站制作项目。该网站商品类型较多，项目负责人对导航栏的要求为：合理排列导航项，让浏览者能够快捷地找到所需信息。此外，还需要在导航区域加入商品广告版块。

视频讲解

作品展示

根据需求分析设计的网上商城导航栏如图 5-47 所示。第一排黑色底色导航用于用户、企业登录或服务；第二排则是商城商品总分类；左侧纵向导航是商品的细分类，当细分类展开时，会完全遮挡 Banner，直接显示商品名称信息，提升浏览效率。

该导航栏的颜色使用红色与灰色进行搭配。红色能够潜移默化地促进消费者的购买欲望，而不同层次的灰色可提升页面整体的高级感，使页面更加沉稳，两者搭配可以使页面热烈而不失品味，从而提高商城形象。

根据需求，广告版块安排在纵向导航区右侧，其面积与纵向导航大小相同，既起到对称作用，又不会太过抢眼。

图 5-47　商城导航栏

设计思路

此导航栏为典型的网上商城类导航栏，由于导航项繁多，因此采用横纵结合的方式进行布局。具体设计思路如下：

① 顶部横向导航栏主要用于用户服务，设计时文字相对较小，颜色使用灰色；② 中部的商城分类导航将商品分成几大类，属于商城的主要导航项，因此在设计时不但需要加大字号，还需要对文字做加粗处理；③ 左侧纵向导航栏主要用于商品分类，其展开项是商品细分类，能够帮助浏览者快速找到所需商品，在设计时应将“热卖”商品文字调整为红色，以此作为展示重点；④ 广告版块与左侧纵向导航版块对称放置，使页面更加平稳。

案例步骤

步骤 1　新建图像文档，设置文档尺寸为 1520×800 像素，分辨率为 72 像素 / 英寸，颜色模式为 RGB，背景色为白色。

步骤 2　使用“矩形工具”绘制 1520×40 像素的深灰色矩形，使用“移动工具”将其移动至文档窗口顶部；选择“横排文字工具”，在“字符”面板中设置参数，然后单击文档窗口，分别输入导航信息；再使用“移动工具”调整各文案位置，然后选中除“背景”外的图层，按【Ctrl+G】组合键编组，命名为“导航 1”，如图 5-48 所示。

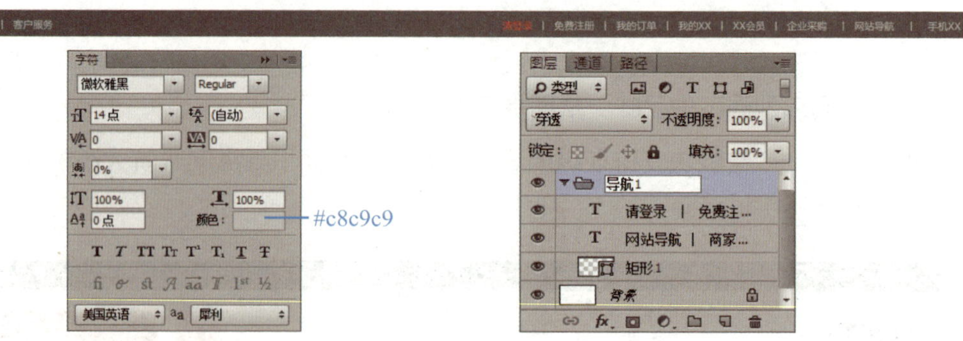

图 5-48 制作顶部导航栏

提示

此处导航并非导航栏中最重要的部分，为了弱化效果，突出下方商品分类导航，将此处的导航文字设置为小字号浅灰色，仅将登录项使用红色作为重点突出。

步骤 3 使用“矩形工具”沿顶部导航栏左下角位置绘制 300×180 像素的灰色矩形，作为 Logo 版块，然后使用“横排文字工具”在版块上输入“Logo”。

步骤 4 使用“矩形工具”绘制尺寸为 690×50 像素，形状填充为无，轮廓填充为红色，描边宽度为 1 点的矩形；使用“椭圆工具”绘制尺寸为 20×20 像素的白色圆环作为镜片，其他参数设置与矩形相同；使用“矩形工具”绘制 4×16 像素的矩形作为镜柄，再绘制 65×50 像素的红色矩形作为放大镜底纹；使用“移动工具”调整各图像的位置，以及利用【Ctrl+T】组合键适当旋转镜柄，效果如图 5-49 所示。

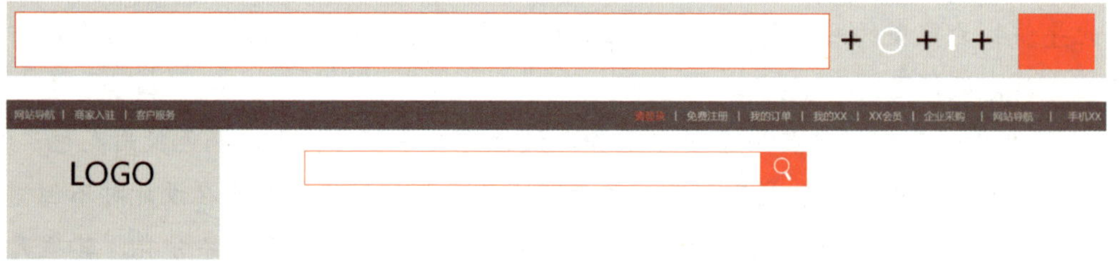

图 5-49 绘制 Logo 底色和搜索版块

步骤 5 使用“矩形工具”绘制 220×50 像素的红色矩形，然后选择“横排文字工具”，将字体大小设为 18，输入热搜和“我的购物车”文案；同时选中红色矩形和“我的购物车”图层，单击“垂直居中对齐”按钮和“水平居中对齐”按钮，使“我的购物车”与红色矩形居中对齐；使用“移动工具”将“热搜”文案与搜索框左侧对齐，效果如图 5-50 所示。

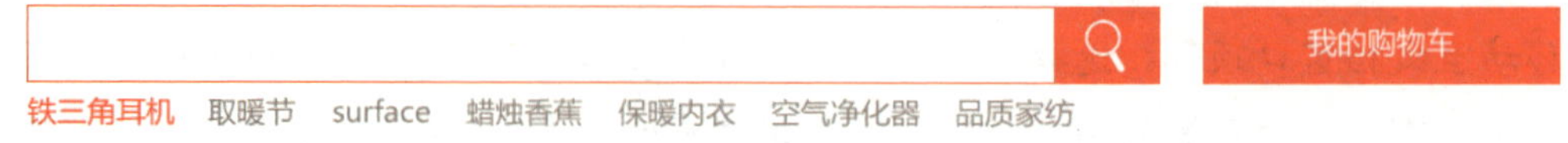

图 5-50 绘制“我的购物车”版块并添加热搜文字

提示

在输入热搜文案时，应将首个商品词调整为红色，其他调整为灰色，使文字之间产生对比，从而既可呼应上方搜索框，也可突出热搜词。

步骤6　使用“直线工具”沿Logo所在的灰色矩形底部绘制直线，描边红色；选择“横排文字工具”，在“字符”面板中设置字符参数，分别输入商城分类文案；在“图层”面板中选中除“背景”和“导航1”以外的图层，按【Ctrl+G】组合键，更改名称为“导航2”，如图5-51所示。

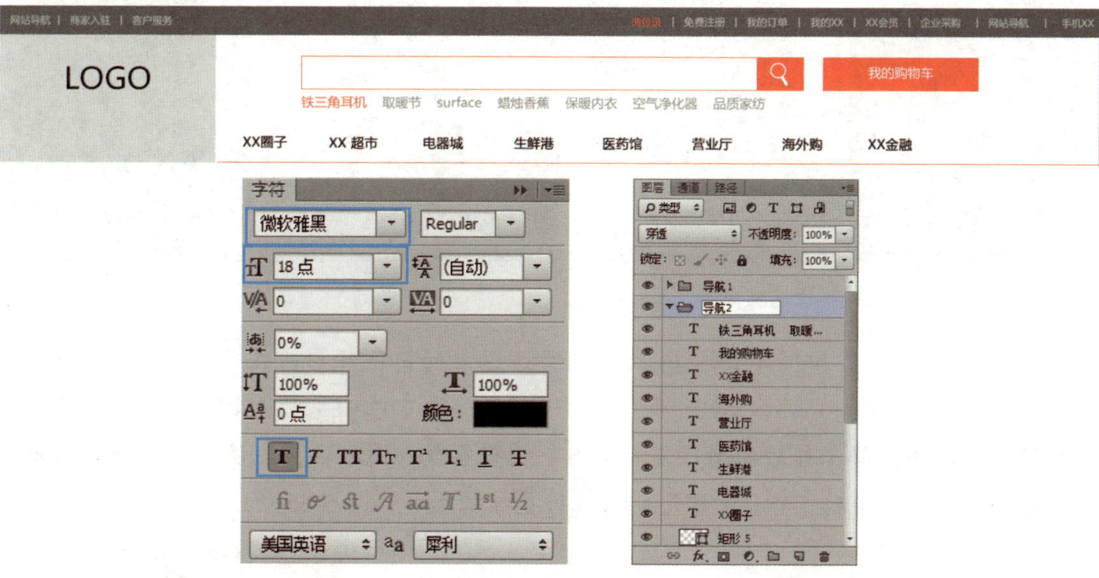

图5-51　添加商城分类

步骤7　使用“矩形工具”在Logo版块底部绘制300×60像素的红色矩形，将图层命名为“分类底色”，再在红色矩形下方绘制300×560像素的灰色矩形，如图5-52所示。

步骤8　使用“横排文字工具”分别输入商品分类文案，并单独将“商品分类”文字大小调整为24，将“美妆/个人护理”文字更改为红色，再将文案均匀分布；按【Ctrl+O】组合键打开本章案例二素材“图标.PSD”，使用“移动工具”将素材置于文字对应位置，并在“图层”面板中更改素材名称；为“口红”图层添加颜色叠加图层样式（红色），效果如图5-53所示。

图5-52　绘制商品分类版块

步骤 9　使用“矩形工具”绘制 300×45 像素的白色矩形，将图层命名为“展开项底色”，并将该图层置于文案和素材图层下方，再使用“移动工具”将白色矩形移动至“美妆 / 个人护理”文字位置，效果如图 5-54 所示。

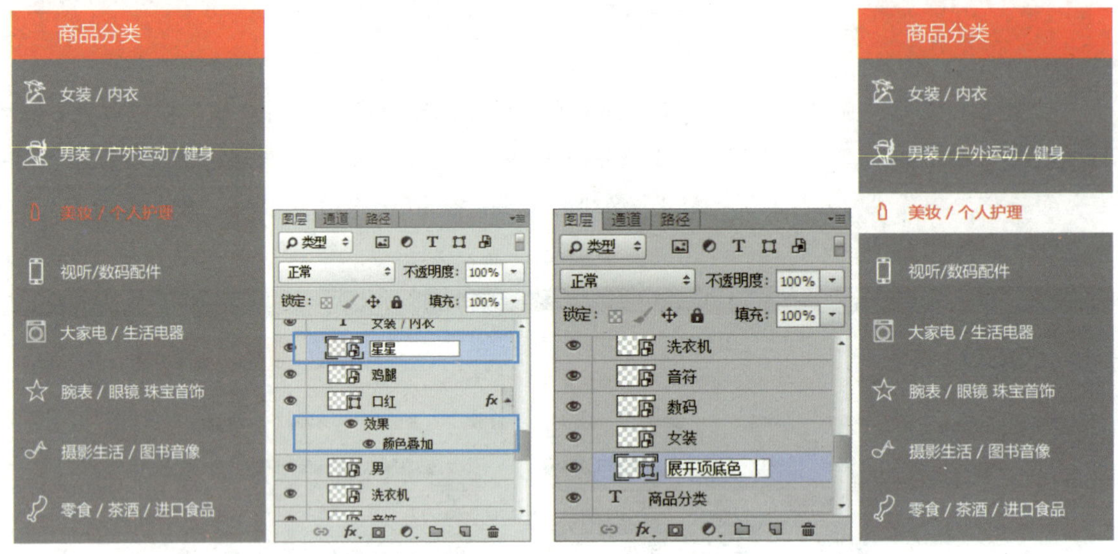

图 5-53　添加商品分类版块文案和图标　　图 5-54　添加展示项底色

步骤 10　使用“矩形工具”绘制 3×13 像素的白色矩形，按【Ctrl+T】组合键自由变换，旋转 45 度，然后复制并调整为箭头形状；选中两白色矩形图层，按【Ctrl+E】组合键合并，然后将合并后的图层复制 7 次，调整各合并图形位置，使其均匀分布在分类文字右侧；再为“美妆 / 个人护理”处的箭头叠加红色，如图 5-55 所示。

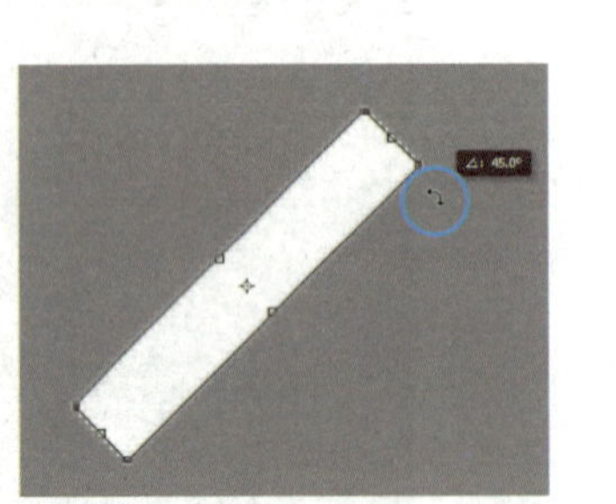

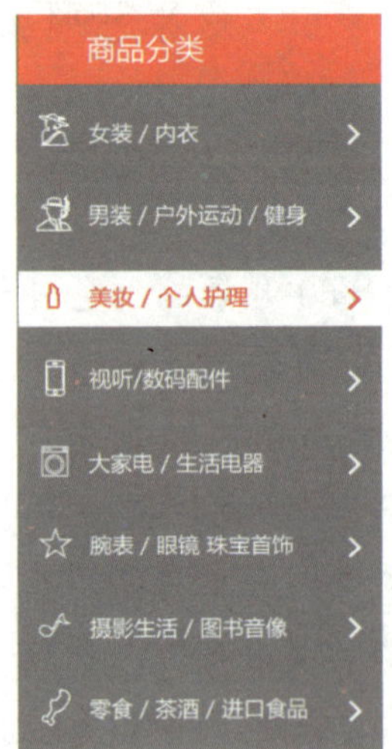

图 5-55　绘制并分布箭头形状

步骤 11　使用“横排文字工具”在纵向导航栏右侧输入商品细分文案，并根据标题级别和热门商品调整文字的粗细和颜色，然后使用“直线工具”在文字下方绘制浅灰色直线，效果如图 5-56 所示。

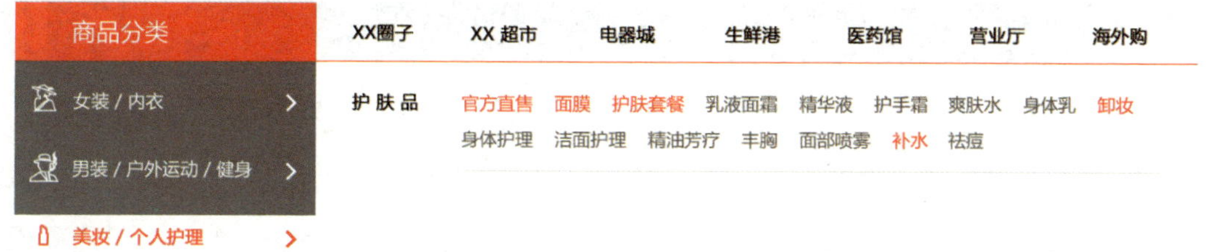

图 5-56　添加商品细分文字

步骤 12　按“步骤 10”的操作方法制作其他细分类，然后复制纵向导航栏底色矩形，将其移动至页面右侧对称位置，调整颜色作为广告版块，再选择“横排文字工具”T输入“广告区”文字，置于广告版块位置，效果如图 5-57 所示。

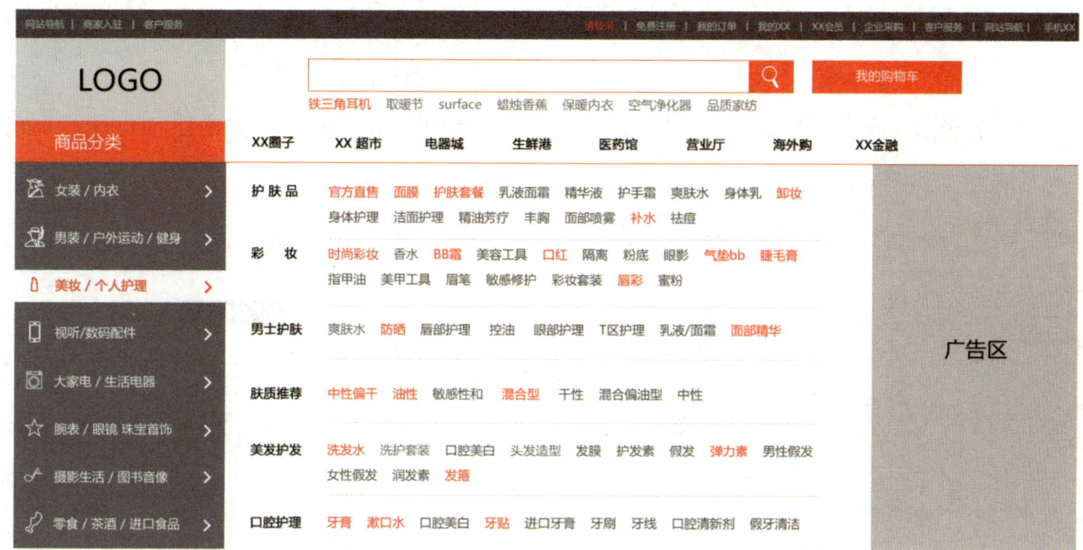

图 5-57　复制文本并添加广告版块

举一反三

小张接到了某培训机构的网页制作项目，客户要求页面主色为绿色，并就导航栏的设计提出了以下要求：

① 规格：纵向导航栏。

② 包含导航展开项的效果展示。

③ 内容包括：首页、学院概况、UI 设计（展开项为 UI/UE 高级设计师班、UI/UE 高级设计师精修班、高级产品经理精修班、商业插画设计师班、Adobe 平面广告全科班）、剪辑包装、影视后期、室内设计、传统美术、游戏动画 8 项。

④ 色彩运用恰当，与内容相符。

请制作上述导航栏。

5.3 网页页尾设计

在网页设计过程中，大多数网页设计初学者都会把精力投入到网页页首和网页主体部分的设计，在页尾部分只是选择堆叠一些诸如免责、版权声明等信息。事实上，网页页尾的重要性和页首相当，因为对大多数用户来说，页尾是他们最后的“停泊港”，因此页尾也可作为为访客提供注册、联系网站（提供信息 / 问题咨询）等服务的一个绝佳入口。

5.3.1 页尾的设计原则

1. 简洁

简洁是网页设计的普遍规律。在页尾设计上，要保证排版干净，元素排列有序，空间通透不拥挤，从而使浏览者轻松地阅读，如图 5-58 所示。

图 5-58　简洁的页尾

2. 方便

页尾不仅是提供网站相关信息的版块，还可以是便利的网站导航。对页尾信息进行修饰，搭配图标与分割线，将信息分门别类地排列，可让浏览者快捷地找到所需信息。

3. 优美

设计网页时除页首和主体内容外，页尾同样需要精心设计。精致优美的页尾会使浏览者眼前一亮，吸引浏览者的目光，如图 5-59 所示。

4. 趣味

压抑、沉闷的页尾不会给浏览者带来好感，而趣味和创意能使浏览者感到轻松愉悦。图 5-60 所示为一个乐队的网页，其在页尾用电线杆上的小鸟代表团队成员，鼠标滑过会弹出队员介绍，这种别出心裁的页尾设计会使浏览者很容易记住相关信息。

图 5-59　精心设计的页尾

图 5-60　有趣的页尾

5.3.2　页尾的设计形式

1．整齐排列信息

设计页尾时，对信息进行分类，有规律地排列信息，并适当增大页尾面积，能使页面更加通透，给浏览者清新的感觉，如图 5-61 所示。

图 5-61　排列整齐的页尾

2．合并信息

页尾尺寸一般与网站信息量有关。在需要处理大量页尾信息时，有目的地合并信息，保证页尾有充足空间，能给浏览者留下简洁、精练的印象，如图 5-62 所示。

图 5-62　合并信息后的页尾

3．优化“分割线”

所谓的“分割线”不仅仅是一条线，它是将页面主体与页尾分割的一块区域。大多数页尾的背景为深色，有些用插画做背景，无论哪种方式，都要确保页尾和页面主体在内容上分离，从而保证视觉上的层次性，如图 5-63 所示。

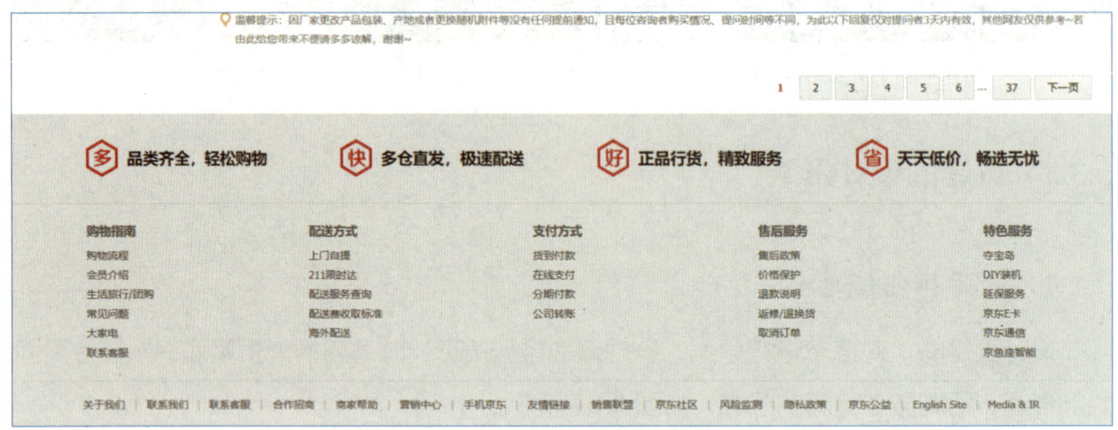

图 5-63　优化“分割线”的页尾

课后练习

（1）Logo 有哪几种设计类型？简述各种设计类型的特点。

（2）导航栏有哪几种设计类型？简述各种设计类型的特点。

（3）简述网页页尾的设计原则？

（4）以字母 GY 为主体，设计一个“公益保护协会”Logo，要求如下：

① 规格：尺寸为 800×800 像素。

② 图形表达准确，具有一定的设计感。

③ 构图协调，富有美感。

④ 色彩运用恰当，与内容相符。

⑤ 写 50 ～ 100 字的设计说明。

（5）为某红酒销售企业设计一个横向导航栏，要求如下：

① 规格：尺寸为 1200×400 像素。

② 体现红酒的文化和特色，整体风格以复古、奢华为主。

③ 导航项为：首页、企业简介、红酒文化、产品分类、售后服务。

④ 写 50 ～ 100 字的设计说明。

第6章

网页元素设计（下）

情景模拟

随着电子商务的发展，网上店铺越来越多，竞争压力越来越大。为了从众多店铺中脱颖而出，除了需要提供优质的产品和服务外，还需要通过优质的网页商品广告和商品主图等吸引消费者的点击。因此，许多网店经营者找到小张的创业团队，希望他们帮助设计符合需要的网页广告和商品主图等。

学习目标

掌握网页 Banner、悬浮广告、弹窗广告、通栏广告和商品主图的设计知识，能够根据需要设计这些广告

掌握网页按钮的设计知识，能够根据需要设计网页按钮

6.1 网页广告设计

网页广告设计是一种能充分激发设计师想象力和灵感的工作，一个好的网页广告不仅能够有效传递信息，还能给予人们艺术上的享受。

6.1.1 网页广告分类

常见的网页广告可分为 Banner、悬浮广告、弹窗广告和通栏广告。

1. Banner

Banner 也称旗帜广告、横幅广告，是最基本的网页广告形式之一，用于宣传企业或产品，如图 6-1 所示。Banner 一般置于网站页首，使用 GIF 或 JPEG 格式的图像文件。Banner 的尺寸和内容可以根据网站的需要灵活设置，目的都是吸引浏览者的注意。在页面同一版块中展示多张 Banner 时，可通过代码将 Banner 按顺序轮播展示。

图 6-1 轮播 Banner

2. 悬浮广告

悬浮广告一般位于页面主体内容两侧，并会随滚动条上下移动。悬浮广告的覆盖面广，互动性强，受众群体鲜明，广告费用低，但广告随页面移动会降低访问者的浏览体验。悬浮广告的具体尺寸可根据实际页面宽度而定。图 6-2 所示网页中位于页面右侧的就是悬浮广告。

图 6-2　悬浮广告

3. 弹窗广告

弹窗广告是用户打开网页时以弹窗的形式出现在页面中的广告，如图 6-3 所示。弹窗广告具有很强的广告效应，但由于弹窗出现前没有任何征兆，突然出现时会使浏览者产生反感。弹窗广告的尺寸不固定，可以是小型弹窗，也可以是全屏弹窗。

图 6-3　弹窗广告

4. 通栏广告

通栏广告与网页等宽，但高度较低，呈长条状，内容多以文字和简单的图像为主。图 6-4 中位于导航栏和 Banner 之间的就是通栏广告，它起到传递信息、美化页面等作用。

图 6-4　通栏广告

6.1.2　网页广告的构图形式

不同的构图形式可达到不同的视觉效果。在制作网页广告时应根据产品、主题、素材等选择合适的构图形式进行制作，使画面中的各元素相互呼应并达到平衡。

以 Banner 广告为例，常见的构图形式如图 6-5 所示，下面分别说明。

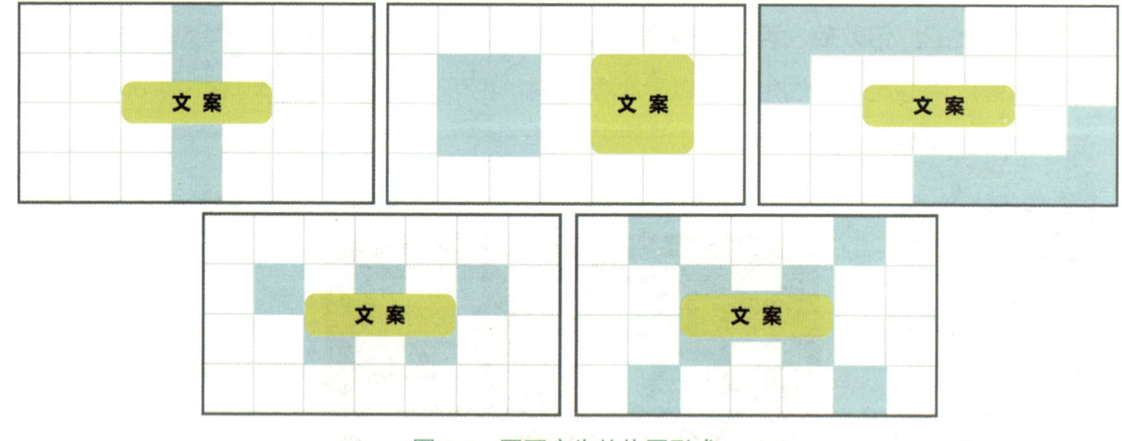

图 6-5　网页广告的构图形式

1. 图文居中式

图文居中式是 Banner 广告中最常用的构图方式之一，是指将 Banner 中的图文以画面的中轴线居中对称进行组合，从而让视觉焦点集中到画面中间，使画面平衡、稳定，如图 6-6 所示。

图 6-6 图文居中式构图

2. 左右对称式

图文左右对称排列也能够使画面达到平衡，如图 6-7 所示。

图 6-7 左右对称式构图

3. 对角式

对角式构图是指将主体内容倾斜放置，形成对角对称。这样的构图形式动感活泼又不失稳定，具有很强的设计感，如图 6-8 所示。

图 6-8 对角式构图

4．平铺式

平铺式构图适用于产品数量较多的广告，是指将每个产品平铺排列，并保持间距相等，再将文案置于产品上方或叠加在产品上。这种构图形式秩序感强，能给人整洁、规范的感觉，如图 6-9 所示。

图 6-9　平铺式构图

5．辐射式

辐射式构图是指利用素材运动趋势将浏览者的视觉中心集中到一点。这样的构图形式空间感、次序感强，能够有效地突出产品或主题内容，如图 6-10 所示。

图 6-10　辐射式构图

课堂互动

欣赏图 6-11 所示的网页广告，并简要分析其广告分类和构图形式。

图 6-11　网页广告

6.1.3 网页广告设计误区

网页广告设计的常见误区包括主题混乱、字体风格与广告内容背离、颜色搭配失衡、装饰元素烦琐等。网页美工在制作广告前应明确广告主题，确定是打折减价、节日活动、产品推销还是其他，再确定各信息间的层级关系。

1. 主题混乱

主题是广告的核心价值所在，是广告最应突出的点。图 6-12（a）所示为销售服装网站的 Banner，该 Banner 中没有模特或衣服，只有抽象的文字和单调的色彩，并且文字层级模糊，无法起到宣传效果。图 6-12（b）所示的 Banner 主题明确，色彩对比鲜明，文案层级清晰，图文联系紧密，具有很强的视觉冲击力。

（a）　　（b）

图 6-12　主题混乱与主体清晰的 Banner

2. 字体风格与广告内容背离

为了体现“可爱”的主题，图 6-13（a）所示的 Banner 背景运用了手绘元素，而标题字体却使用了力量感较强的黑体，这与背景图像的风格相悖，造成图文搭配不协调，弱化了主题。图 6-13（b）所示同样是“可爱”主题的 Banner，图像与文字的风格统一，营造了清爽、活力、可爱的气氛。

（a）　　（b）

图 6-13　字体风格与广告内容背离和契合的 Banner

3. 颜色搭配失衡

色彩是广告组成中的重要部分。优秀的色彩搭配能够吸引浏览者，而失衡的色彩搭配会严重影响广告的美观性。图 6-14（a）所示的 Banner 色彩搭配失衡，导致色彩明度相近，文案层级区分不明显，不易于阅读。图 6-14（b）所示的 Banner 能够给人强烈的代入感，将床、背景和文案的色彩用色相、纯度做区分，从而更好地体现了家具的品质。

（a）　　（b）

图 6-14　颜色搭配失衡和协调的 Banner

4. 装饰元素烦琐

广告中的装饰元素如果运用得当，能够烘托主题，丰富画面。图 6-15（a）所示的 Banner 中装饰元素过于烦琐，不仅没有起到应有作用，还使画面混乱。图 6-15（b）所示的 Banner 则将装饰元素虚化，融入背景，起到了很好的辅助作用。

（a）　　（b）

图 6-15　装饰元素烦琐和简洁的 Banner

6.1.4　课堂案例——设计企业网站Banner

小张的创业团队接到了一个工业制造企业的 Banner 设计项目。在与该项目负责人沟通时，对方是这样描述需求的："我们是一家从事工业制造的企业，现需要制作一个宣传企业文化的广告，以此体现我公司的博大、生机。广告最好视觉感受强烈，效果明显，尺寸为 1920×800 像素。"

作品展示

图 6-16 所示为根据需求分析设计出的企业网站 Banner。该 Banner 整体色调统一，主题明确；以深蓝色的宇宙作为背景，以翱翔的飞机作为主体，通过宏大的场景表现企业博大的气质；以飞机后方的光芒体现生机、希望。

图 6-16 企业网站 Banner

视频讲解

设计思路

① 选择主体物、背景素材。由于客户是机械制造行业，因此选择与之相关的飞机、宇宙素材。② 光代表希望、梦想、生机等，通过飞机图像后耀眼的光芒体现企业的实力。③ 通过左右结构将文字置于画面左侧，使画面达到平衡。

案例步骤

步骤 1 在 Photoshop 中新建图像文档，设置文档尺寸为 1920×800 像素，分辨率为 72 像素 / 英寸，颜色模式为 RGB 颜色，并命名为“企业网站 Banner”。

步骤 2 在工具箱中选择“渐变工具”，在工具属性栏中将渐变样式设为“径向渐变”，单击“点按可编辑渐变”打开“渐变编辑器”对话框，分别设置左右色标的颜色为 #163985 和 #141e3f，然后在图像中拖动鼠标填充渐变色，如图 6-17 所示。

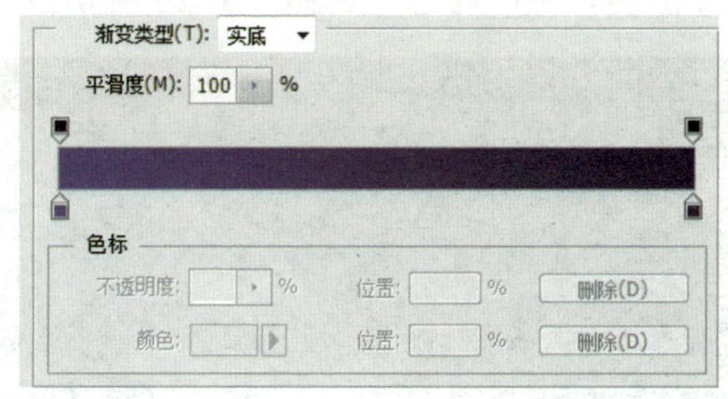

图 6-17 填充渐变背景

步骤 3 按【Ctrl+O】组合键打开本章案例一“星空 .jpg”素材图像，将其移至“企业网站 Banner”文档中的合适位置，并利用“图层”面板调整混合模式为“线性减淡”，然后按【Ctrl+L】组合键打开“色阶”对话框，将图像亮度压暗，如图 6-18 所示。

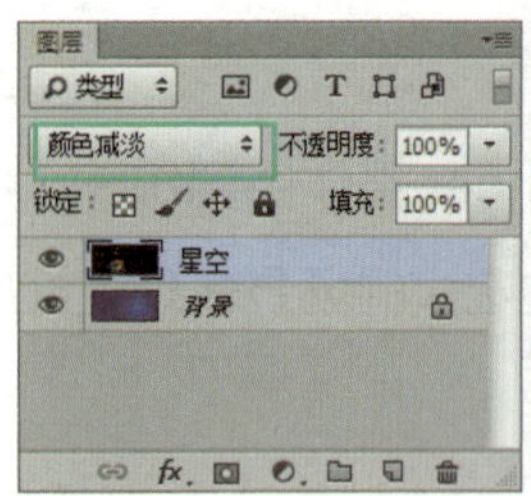

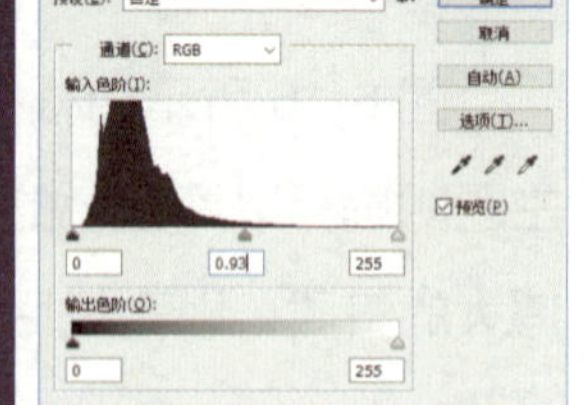

图 6-18　导入“星空”图像素材并调整图像明暗

步骤 4　更改星空图像的图层名称为“星空”，然后单击“图层”面板下方的“添加图层蒙版”按钮，添加图层蒙版；将前景色设为黑色，选择工具箱中的“画笔工具”，从工具属性栏中设置画笔大小为 40，硬度为 0，然后在过亮的星光处拖动鼠标涂抹。在涂抹处将显示下层的背景图像，从而将过亮的星光覆盖，如图 6-19 所示。

图 6-19　处理“星空”图像素材

步骤 5　按【Ctrl+O】组合键打开本章案例一“地球.png”“白云.jpg”素材图像，将“地球.jpg”图像移至“企业网站 Banner”文档中，更改图层名称为“地球”；按【Ctrl+T】组合键执行“自由变换”命令，按住【Shift】键拖动变换框四个角的控制点之一等比例缩小图像，再分别拖动上方和左侧中间的控制点垂直翻转和水平翻转图像，接着将图像移至合适位置，按【Enter】键确认变形；更改图层混合模式为“滤色”，如图 6-20 所示。

图 6-20　导入并处理“地球”图像素材

步骤 6　将“白云.jpg”素材图像移至“企业网站 Banner”文档中地球图像上方，按【Ctrl+T】组合键执行“自由变换”命令，调整大小并旋转，然后移至合适位置，按【Enter】

键确认；更改图层名称为“白云”并添加图层蒙版，然后参考步骤 4 的操作使用“画笔工具”处理蒙版（可根据情况调整画笔大小），使白云图像变得稀疏，如图 6-21 所示。

步骤 7　按【Ctrl+O】组合键打开本章案例一“光效 .psd”图像素材，如图 6-22（a）所示；使用“移动工具”将“01 光效”图像移动至“企业网站 Banner”文档中的合适位置，并将该图层命名为“01”；按【Ctrl+T】组合键进入自由变换图像状态，再右击图像，执行“变形”命令，接着通过拖动变形网格的控制点和控制柄调整光线弧度，使其贴合地球边缘，如图 6-22（b）所示。最后按【Enter】键确认变形。

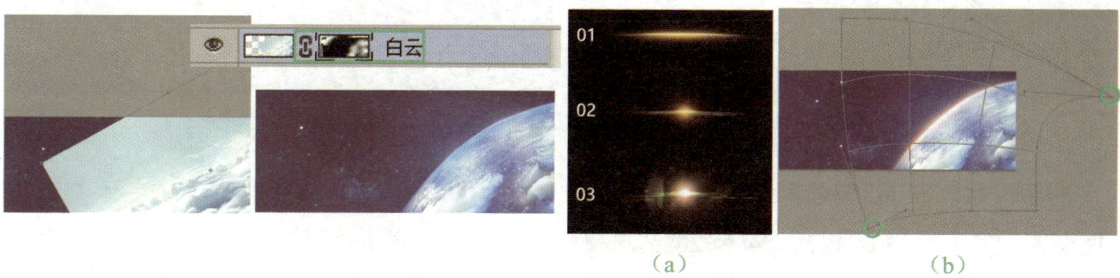

（a）　（b）

图 6-21　导入并处理“白云”素材图像　　图 6-22　打开“光效”素材并处理“01 光效”图像

提 示

在为图像或文字添加光效时，应根据其形状、走势对光效的形状进行处理，才能达到逼真的效果。图 6-22（b）所示就是贴合地球形状处理光效的。

步骤 8　按步骤 7 的操作方法，将“02 光效”图像移至“企业网站 Banner”文档中的合适位置并做变形处理，然后将该图层命名为“02”，效果如图 6-23（a）所示；将“03 光效”图像移至“企业网站 Banner”文档中，使其光源与 02 光效的光源重合；分别为“02”“03”图层添加图层蒙版，并使用“画笔工具”编辑蒙版，处理的光效中的杂色，效果如图 6-23（b）（c）所示。

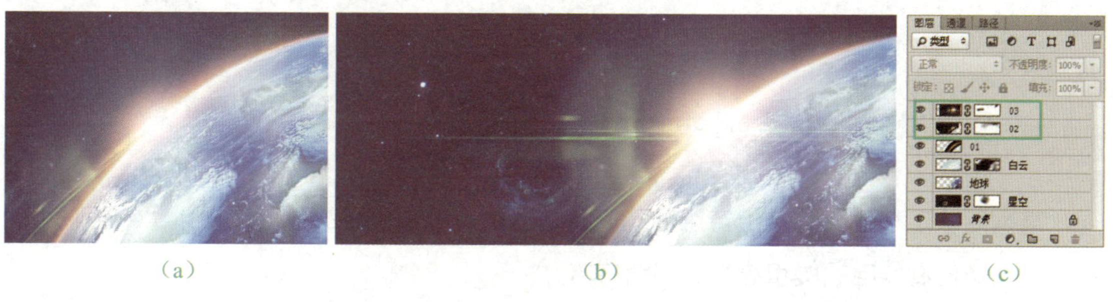

（a）　（b）　（c）

图 6-23　处理“光效 02”“光效 03”图像

步骤 9　按【Ctrl+O】组合键打开本章案例一“月球 .png”素材图像，使用“移动工具”将其移动至“企业网站 Banner”文档中的合适位置，然后选择“02”图层，按【Ctrl+J】

组合键复制图层，再按【Ctrl+T】组合键执行“自由变换”命令，调整光线大小、位置和角度，使其贴合“月球”图像的下边缘，效果如图 6-24 所示。

步骤 10　按【Ctrl+O】组合键打开本章案例一“飞机 .png”图像素材，使用“移动工具”将其移动至“企业网站 Banner”文档中的合适位置，如图 6-25 所示。

图 6-24　导入并处理“月球”素材

图 6-25　导入“飞机”素材

步骤 11　使用“横排文字工具” 在飞机图像的左侧输入主体文案（字体都为微软雅黑，字号分别是 135、34 和 20 点，颜色为白色），并将各文字左对齐，然后在画面右下角输入叙述文字，使画面达到平衡，效果如图 6-26 所示。到此，就完成了企业网站 Banner 的设计。

图 6-26　添加文案

6.1.5　课堂案例——设计家电促销Banner

某网店决定在七夕节推出特惠活动，网站运营人员请小张的创业团队以“约惠吧”为主题，为他们制作电饭煲和热水壶促销广告。

作品展示

根据需求分析设计出的家电 Banner 如图 6-27 所示。该 Banner 为紫色调，以此呼应七夕浪漫神秘的感觉。Banner 文案层次分明，将文字与产品组合放置，并添加发光效果，能够有效吸引浏览者的视线，达到很好的宣传效果。

视频讲解

图 6-27　家电 Banner

设计思路

① 该 Banner 尺寸较宽，因此应将商品图与文字集中放置，使视觉中心集中到画面中间；② Banner 的背景选在舞台，配合射灯、荧光等光效，突出促销活动的热烈；③ 选择紫色作为广告的色调，渲染七夕浪漫的氛围。

案例步骤

步骤 1　在 Photoshop 中新建图像文档，设置文档尺寸为 1920×730 像素，分辨率为 72 像素 / 英寸，颜色模式为 RGB 颜色，并命名为“家电 Banner”。

步骤 2　按【Ctrl+O】组合键打开本章案例二“背景 .jpg”图像素材，使用“移动工具”将其移动至“家电 Banner”文档中合适位置，更改图层名称为“背景”，然后按【Ctrl+J】组合键复制图层，如图 6-28 所示。

图 6-28　导入并复制“背景”图像素材

步骤 3　执行“滤镜”>“模糊”>“高斯模糊”命令，在“高斯模糊”对话框中设置“半径”为 5.0，单击“确定”按钮，然后为“背景拷贝”图层添加图层蒙版，将前景色设为黑色，并使用“画笔工具”涂抹舞台部分，做出近实远虚的效果，如图 6-29 所示。

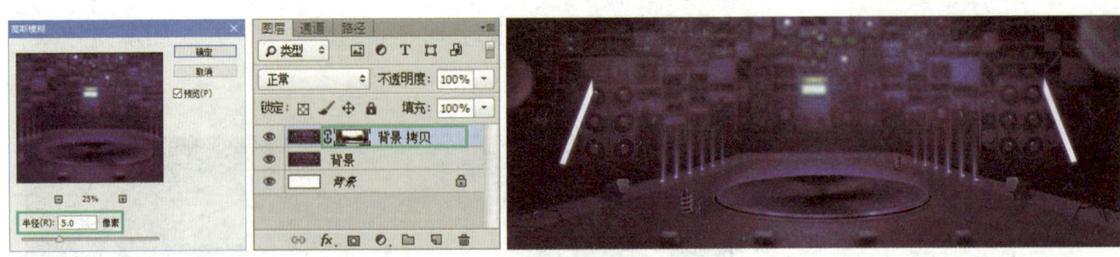

图 6-29　处理“背景拷贝”图层

步骤 4　按【Ctrl+O】组合键打开本章案例二“店招.png”“水壶.png”“电饭煲.png”“榨汁机.png”“顶灯.png”“光束.png”图像素材，使用“移动工具”将图像移至“家电 Banner”文档中合适位置，并更改图层名称为素材原始名称，如图 6-30 所示（注意图层排列顺序）。

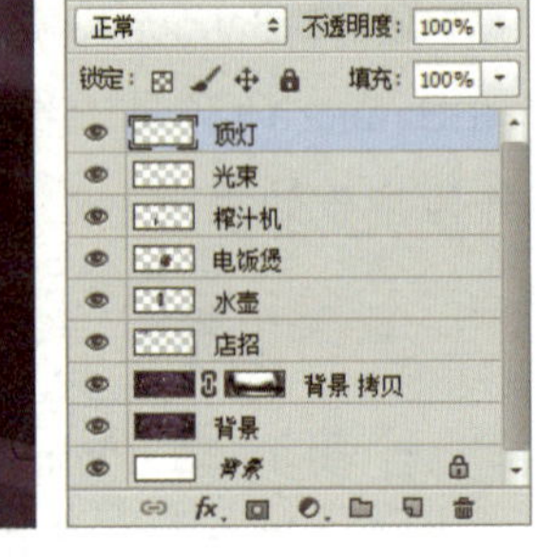

图 6-30　导入主体素材图像

步骤 5　选择“背景拷贝”图层，然后新建图层，命名为“光效”，设置前景色为 #c191c0，选择“画笔工具”，设置画笔大小为 1300，画笔形状为柔边圆，不透明度为 50，如图 6-31 所示。

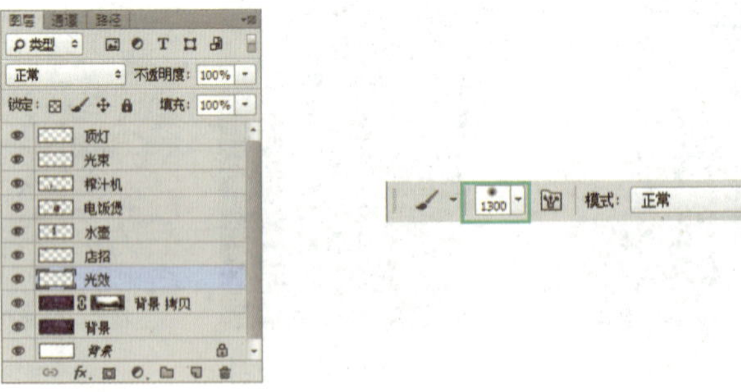

图 6-31　设置画笔参数

步骤 6　使用“画笔工具”在主体物图像上单击 3 次，然后更改图层混合模式为“颜色减淡”；为该图层添加图层蒙版，然后适当调整画笔大小，涂抹多余的光效部分，如图 6-32 所示。

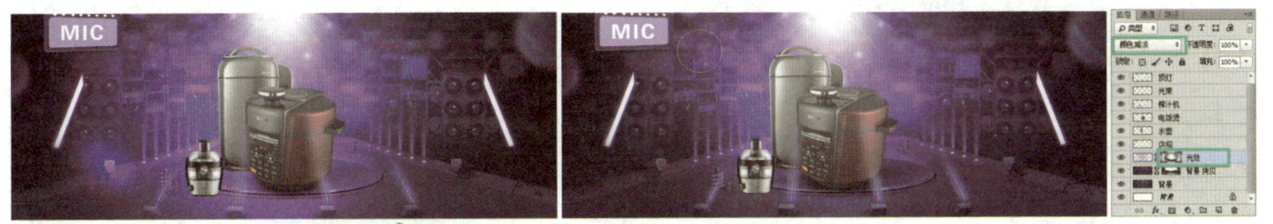

图 6-32　绘制并处理光效图像

步骤 7　选择“电饭煲”图层，单击“调整”面板中的“自然饱和度”按钮▽创建调整层，然后在“属性”面板调整参数并将其剪贴在“电饭煲”图层上；按住【Ctrl】键单击“电饭煲”图层缩略图，制作电饭煲选区；新建图层，将新图层的混合模式设为“颜色减淡”，使用“画笔工具”涂抹电饭煲图像边缘，制作环境色，如图 6-33 所示。

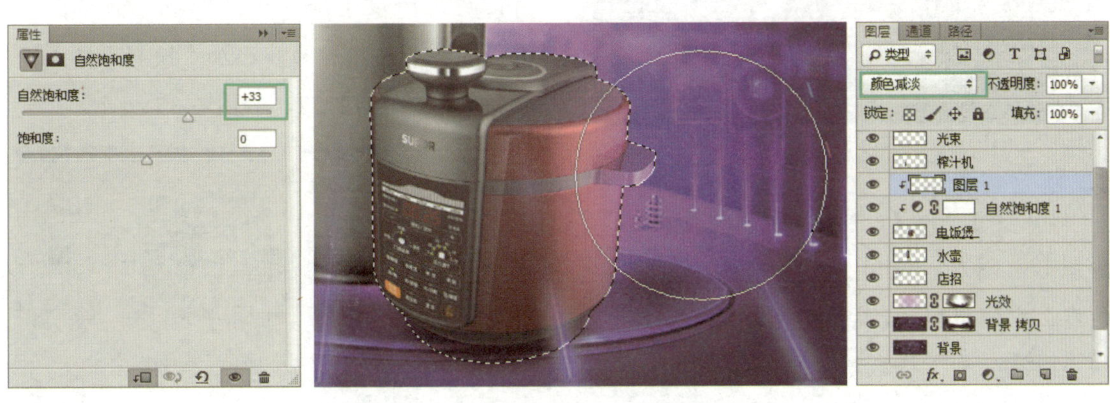

图 6-33　绘制“电饭煲”图像的环境光

步骤 8　按【Ctrl+D】组合键取消选区，按【Ctrl+O】组合键打开本章案例二“高光.png”素材，使用“移动工具”将其移至电饭煲高光处；将其图层混合模式更改为“滤色”，然后按住【Shift】键单击“电饭煲”图层，按【Ctrl+G】组合键编组，并更改组名为“电饭煲”，如图 6-34（a）（b）（c）所示。

步骤 9　按步骤 7、步骤 8 的操作方法处理“水壶”图像，效果如图 6-34（d）所示。

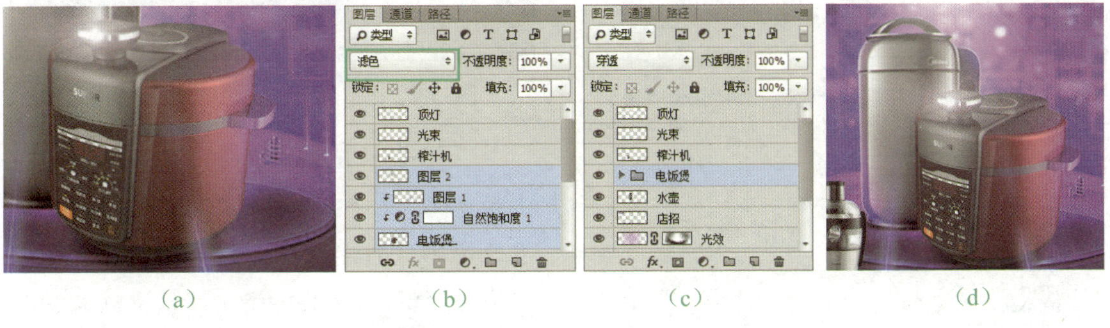

图 6-34　导入“高光”素材图像并制作“水壶”图像的环境光

步骤 10　选择“背景拷贝”图层，使用“圆角矩形工具” 绘制一个 550×320 像素，圆角为 15 的圆角矩形，设置形状填充为 #4e298b，描边填充为 #a660a3，效果如图 6-35 所示。

图 6-35　绘制圆角矩形

步骤 11　按【Ctrl+J】组合键复制“圆角矩形”图层，使用“移动工具” 将其向右上方稍微移动，然后为其添加“内发光”和“图案叠加”样式，如图 6-36 所示。

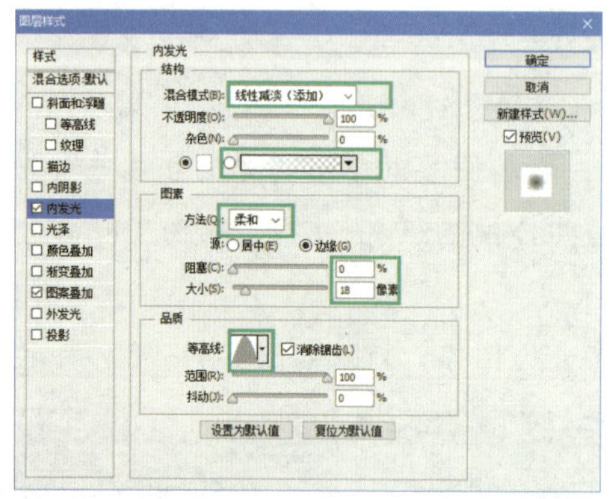

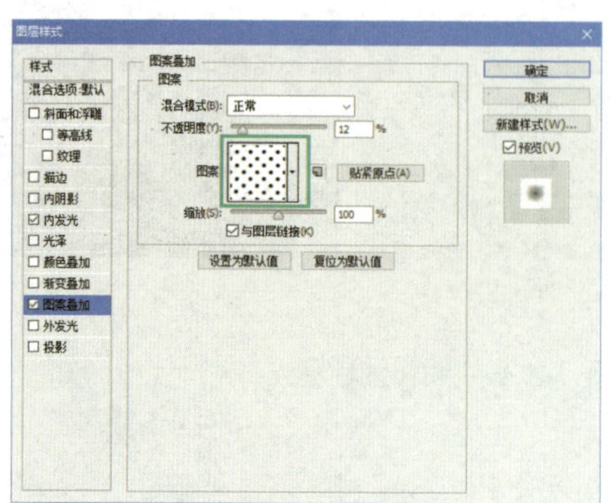

图 6-36　复制圆角矩形并添加图层样式

步骤 12　使用“横排文字工具” 在圆角矩形图像上输入“约惠吧”文字，调整文字参数，然后为其添加“投影”样式，投影颜色为 #1f2772，如图 6-37 所示。

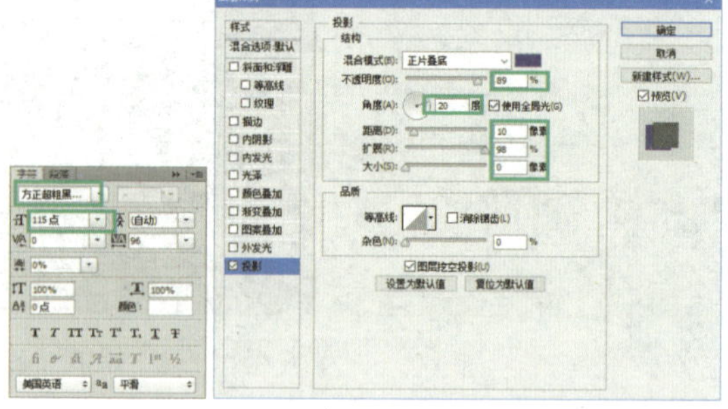

图 6-37　输入标题并添加“投影”样式

步骤 13　使用“横排文字工具” 在“约惠吧”文字下方输入“7.7 特惠”文字，更改字体大小为 55 点，颜色为白色，再分别输入“¥”和“1299”文字，更改文字颜色为 #f5df4f，并适当将“1299”文字加大，突出价格，然后对日期和价格部分添加“投影”样式，如图 6-38 所示。

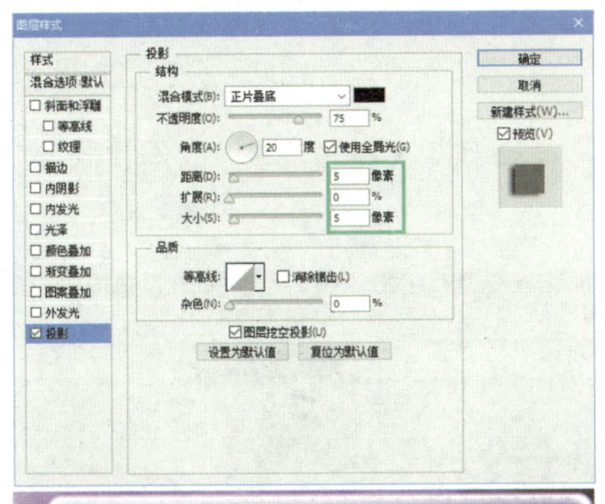

图 6-38 添加价格和时间文字

步骤 14 按住【Shift】键，使用“移动工具”分别单击“1299”和“圆角矩形1”图层，按【Ctrl+G】组合键编组，更改组名为“文案”，然后按【Ctrl+T】组合键执行“自由变换”命令，按住【Ctrl+Shift】组合键向上拖动变换框左侧的控制点调整“文案”图像的角度，如图 6-39 所示。

图 6-39 调整文案角度

步骤 15 参考前面的操作方法制作主体图像左侧的文案，效果如图 6-40 所示。

图 6-40 制作主体左侧文案

步骤 16 选择“电饭煲”图层，使用形状工具分别制作红色的圆角矩形、白色的圆形和黑色的三角形，然后将其对齐排列，再使用“横排文字工具”输入“立即购买”文字（可根据需要设置字体和字号），效果如图 6-41 所示。

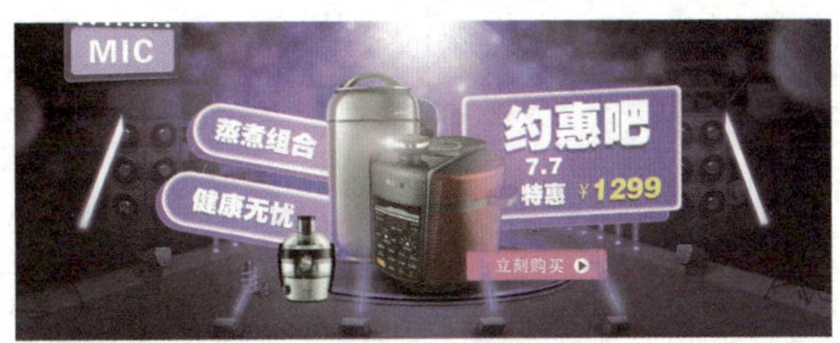

图 6-41 制作“立即购买”文案

步骤 17 参考“步骤 16”的方法制作主体图像左侧的文案，效果如图 6-42 所示。

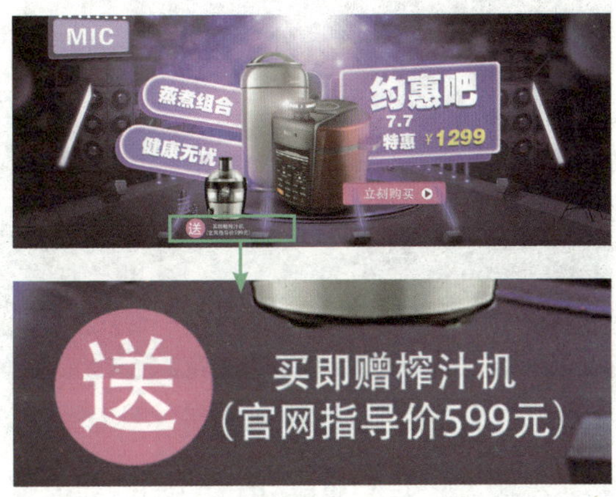

图 6-42 制作“送”文案

步骤 18 选择“顶灯”图层，然后新建图层，填充黑色，再添加图层蒙版，使用“画笔工具”在画面中心涂抹，保留四角暗部，效果如图 6-43 所示。

图 6-43 压暗图像边缘

步骤 19　在所有图层上方依次创建“自然饱和度”“曲线”“照片滤镜”“渐变映射”调整层，对画面进行处理，如图 6-44 所示。

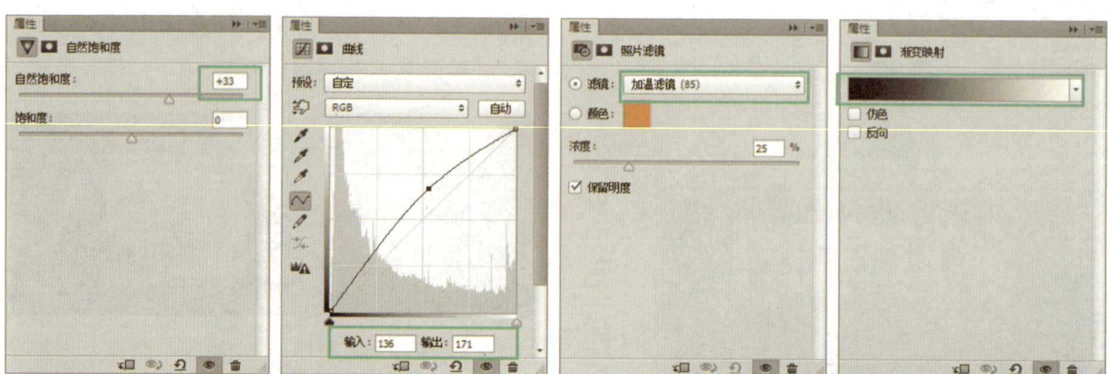

图 6-44　调整画面颜色

步骤 20　按【Ctrl+Alt+Shift+E】组合键盖印图层，然后执行“滤镜”>“锐化”>“USM 锐化”命令，在打开的“USM 锐化”对话框中设置参数，单击“确定”按钮，如图 6-45 所示。到此，就完成了家电促销 Banner 的设计。

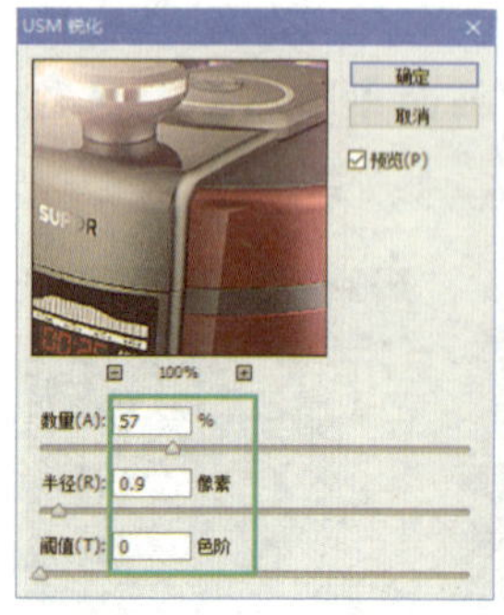

图 6-45　盖印并锐化图像

6.1.6　课堂案例——设计时尚服饰展示动态图像

无缝衔接的动态的图像能够有效地吸引眼球，提高广告的转化率。某家服装销售公司的策划人员找到小张的创业团队，请他们帮助制作一个体现男装、女装的动态广告，广告尺寸为 500×500 像素。

作品展示

根据需求分析设计的动态广告如图 6-46 所示。该广告分为不动的文案部分和顺时针旋转的模特和文案部分，每个模特旋转用时 5 秒，停留 2 秒，且动画是无限循环的。

图 6-46　动画截图展示

设计思路

① 将展示图像分为男性模特与女性模特；② 展示的图像格式相同，且连续不断地变换，有节奏感和整体感；③ 主体文案保持不动，方便浏览者明确主题。

案例步骤

步骤 1　在 Photoshop 中新建图像文档，设置尺寸为 500×500 像素，分辨率为 72 像素 / 英寸，颜色模式为 RGB 颜色，并命名为“时装动画”。

步骤 2　按【Ctrl+O】组合键打开本章案例三“主体 .png”“文案 .png”图像素材，使用“移动工具”将素材移动至“时装动画”文档中的合适位置，更改图层名称为素材原始名称，再将“主体”图像向下移动，使文档窗口只显示男模特部分，如图 6-47 所示。

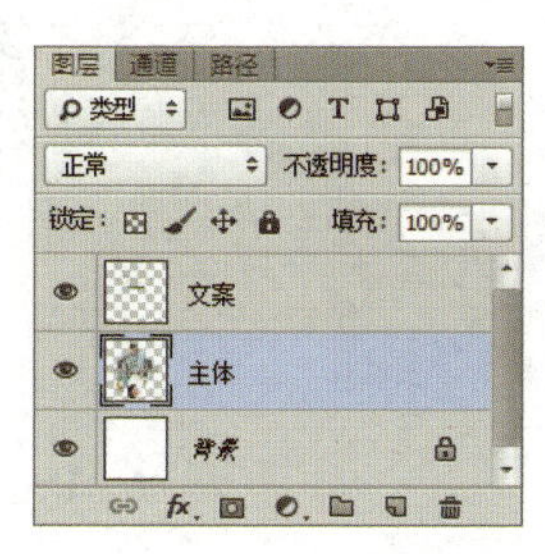

图 6-47　导入并调整素材位置

步骤 3　执行“窗口”>“时间轴”命令，打开“时间轴”面板。单击“时间轴”面板中的“创建时间轴”按钮创建时间轴，然后在“时间轴”面板底部单击“缩小时间轴”按钮，将时间轴缩小；将鼠标指针移至“文案”时间条右侧边缘处，按住鼠标左键向右拖动，将该时间条延长至“12:00 f”处，再缩短“主体”时间条至“01:00 f”处，效果如图 6-48 所示。

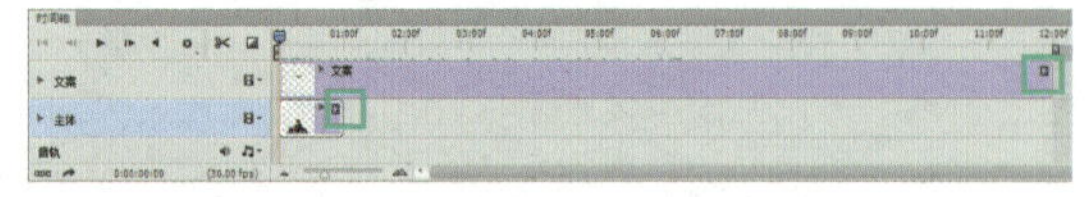

图 6-48　调整“文案”和“主体”时间条

步骤 4　选择“主体”图层，按【Ctrl+J】组合键将其复制；按【Ctrl+T】组合键执行“自由变换”命令，右击画面，执行“旋转 180 度”命令，按【Enter】键确定；在“时间轴”面板中将“主体拷贝”时间条拖至“06:00 f～07:00 f”之间，如图 6-49 所示。

图 6-49　复制“主体”图层并调整“主体拷贝”时间条

步骤 5　选择“主体”图层，按【Ctrl+J】组合键将其复制，然后在“时间轴”面板中将“主体拷贝 2”时间条拖至“01:00 f～06:00 f”之间，如图 6-50 所示。

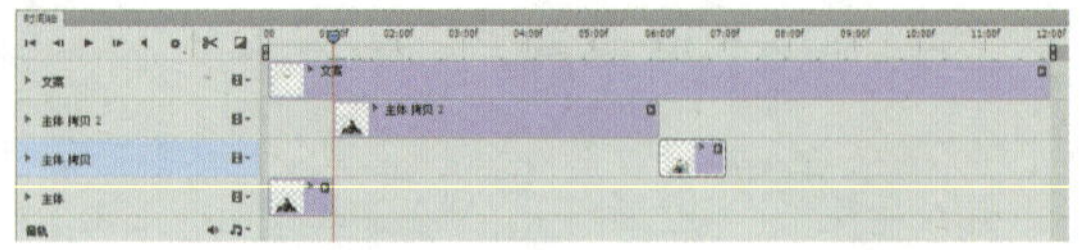

图 6-50　调整“主体拷贝 2”时间条

步骤 6　将“当前时间指示器”移动至“01:00 f”处，右击“主体拷贝 2”时间条，从弹出的面板中选择“旋转”选项，取消勾选“调整大小以填充画布”复选框（见图 6-51），然后拖动“当前时间指示器”至“06:00 f”处。

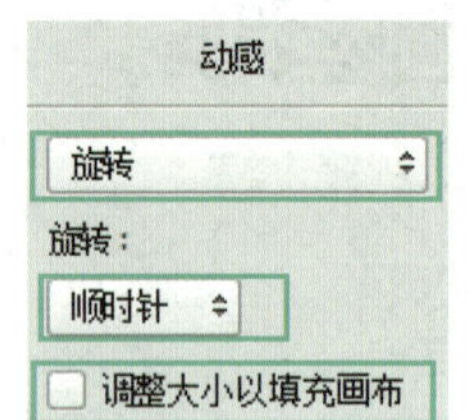

图 6-51　设置动画效果

步骤 7　展开“主体拷贝 2”的时间条，单击“06:00 f”处的关键帧，然后按【Ctrl+T】组合键执行“自由变换”命令，将图像旋转至女模特图像，按【Enter】键确定，如图 6-52 所示。

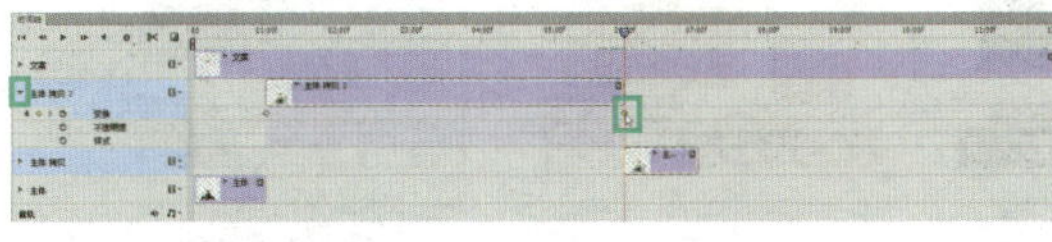

图 6-52　调整“主体拷贝 2”的关键帧

步骤 8　从“图层”面板中选择“主体拷贝”图层，按【Ctrl+J】组合键将其复制，然后调整“主体拷贝 3”的时间条至“07:00 f～12:00 f”之间，然后按“步骤 6”“步骤 7”的操作，对“主体拷贝 3”时间条进行旋转处理，效果如图 6-53 所示。

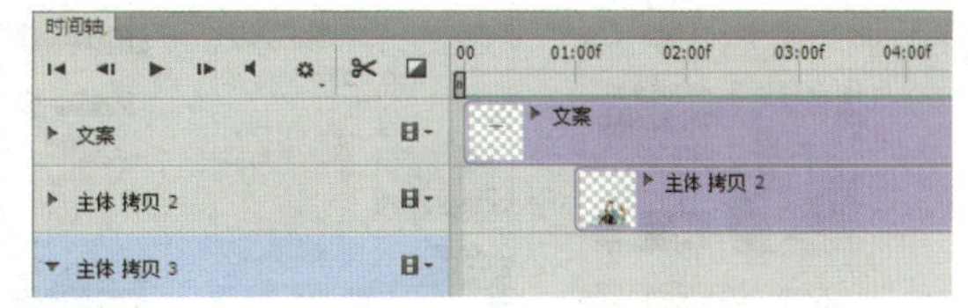

图 6-53　制作并调整“主体拷贝 3”时间条

步骤 9　按【空格】键检查动画是否能够正常播放，然后执行“文件”>“存储为 web 所用格式”命令，将图像存储为 GIF 格式，并在循环选项中选择“永远”，如图 6-54 所示。

图 6-54　保存动态图像文件

举一反三

根据提供的素材（“动画”文件夹），制作图像切换动画。具体要求如下：

① 保持中间人物位置不动。

② 将气泡内的头像从左至右顺序移动。

6.2 网店商品主图设计

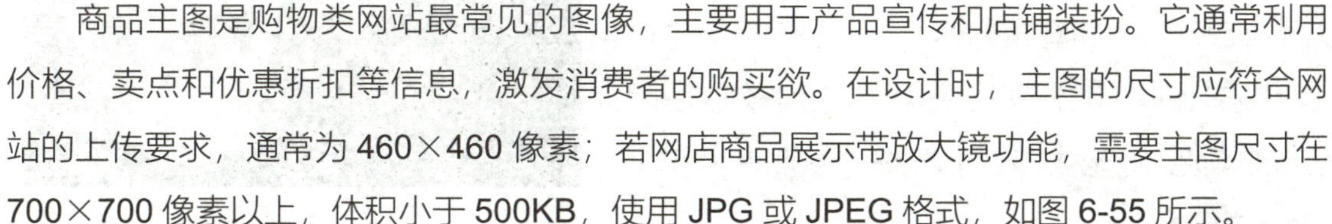

商品主图是购物类网站最常见的图像，主要用于产品宣传和店铺装扮。它通常利用价格、卖点和优惠折扣等信息，激发消费者的购买欲。在设计时，主图的尺寸应符合网站的上传要求，通常为 460×460 像素；若网店商品展示带放大镜功能，需要主图尺寸在 700×700 像素以上，体积小于 500KB，使用 JPG 或 JPEG 格式，如图 6-55 所示。

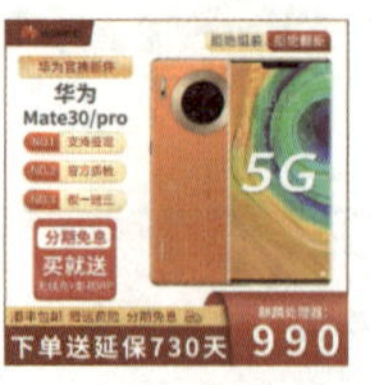

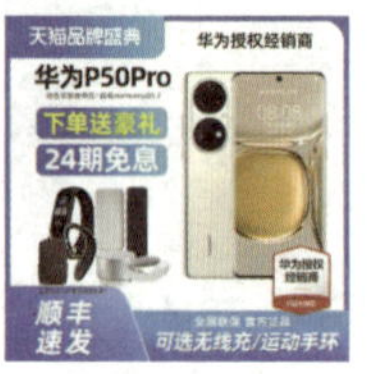

图 6-55　商品主图

6.2.1　课堂案例——设计碎纸机主图

某办公用品网店由于新进了一批高端一体碎纸机，需要更换商品主图。网店运营人员找到小张，请他帮助设计，并提出了具体的要求：尺寸为 800×800 像素，要体现产品的高端、大气，并且应包含产品介绍、价格及促销等信息，能激发消费者的购买欲望。该主图的产品图像由网店提供，其他必要的素材需要小张自己搜集。

视频讲解图

作品展示

根据需求分析设计的碎纸机主图如图 6-56 所示。由于该主图文字内容较多，因此采用文字包围产品的构图形式。由于产品的颜色为黑与白，为了呼应产品，将背景制作为黑白渐变色，体现出高端的感觉。此外，将标题和价格等文字使用醒目的颜色与叙述性文字做区分，从而使读者快速抓住关键信息。

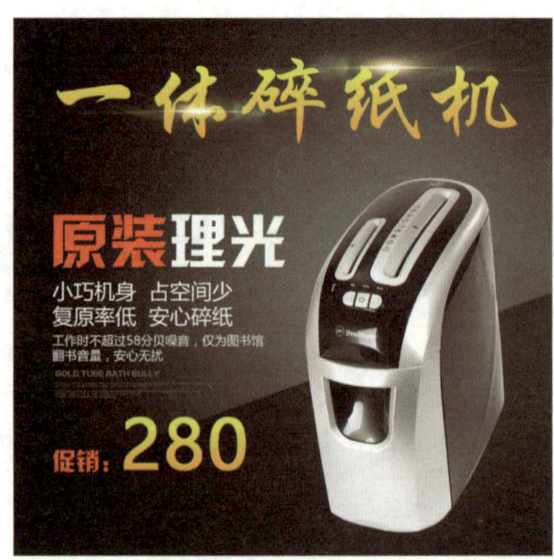

图 6-56　碎纸机主图

设计思路

① 利用大面积不同层次的深灰颜色作为主图背景，呼应产品的颜色，体现产品的高端；② 由于文案较多，为了区分层级，标题、价格和卖点都使用醒目的颜色进行突出。

案例步骤

步骤 1　在 Photoshop 中新建图像文档，设置尺寸为 800×800 像素，分辨率为 72 像素 / 英寸，颜色模式为 RGB 颜色，并命名为“碎纸机主图”。

步骤 2　将前景色设为黑色，背景色设为白色，按【Alt+Delete】组合键将“背景”图层填充为黑色；新建图层，命名为“点光”；选择“画笔工具”，利用工具属性栏设置画笔大小为 1000，画笔形状为柔边圆，流量为“50%”，按【X】键将前景色设置为白色，然后在画面中部偏右单击绘制光晕效果，如图 6-57 所示。

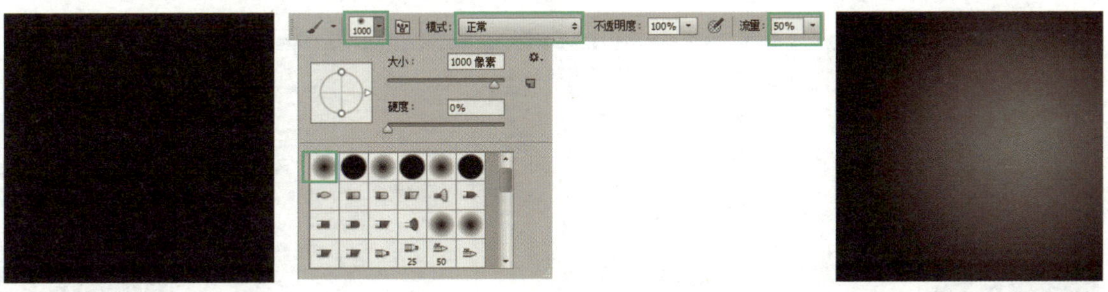

图 6-57　制作背景（一）

步骤 3　按【X】键将前景色设置为黑色，使用“矩形工具”绘制 1000×1000 像素的矩形；按【Ctrl+T】组合键执行“自由变换”命令，旋转并移动矩形至合适位置，效果如图 6-58 所示。

图 6-58　制作背景（二）

步骤 4　按【Ctrl+O】组合键打开本章案例四“碎纸机.png”素材，使用“移动工具”将其移动至“碎纸机主图”文档中合适位置，然后在“调整”面板中单击“曲线”按钮，再在“属性”面板中设置调整层参数，如图 6-59 所示。

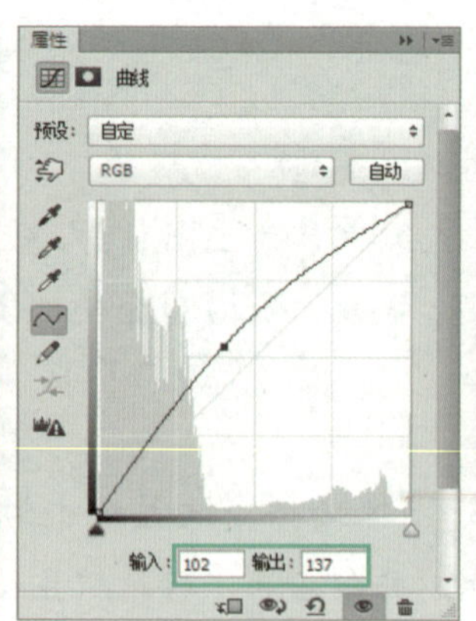

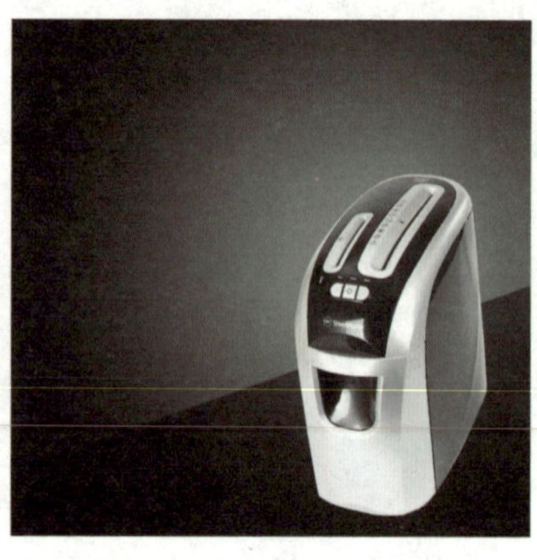

图 6-59 导入并处理“碎纸机”素材

步骤 5 使用“横排文字工具” T 在文档中单击并输入“一体碎纸机”文字，更改字体为华文行楷，字体大小为 138 点，然后为其添加“斜面和浮雕”和“渐变叠加”图层样式，叠加渐变的左右色标颜色分别为 #ffb400 和 #ffff00，如图 6-60 所示。

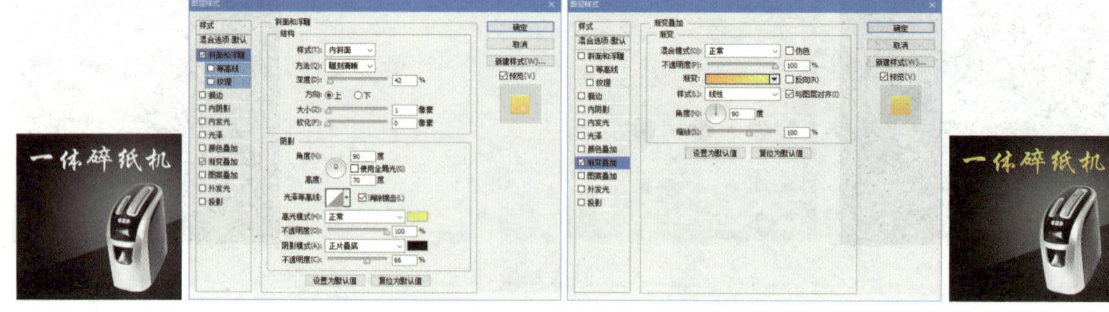

图 6-60 输入标题文字并添加图层样式

步骤 6 使用“横排文字工具” T 在碎纸机左侧输入副标题“原装理光”文字，在“字符”面板中设置文字参数，再单独选中“原装”文字，将颜色更改为 #e71f18，如图 6-61 所示。

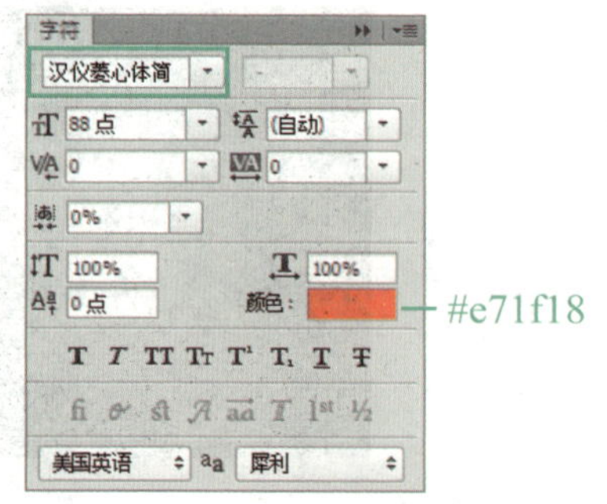

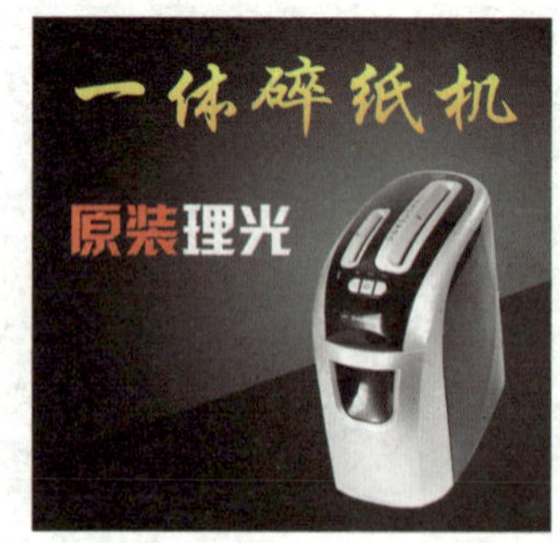

图 6-61 输入并处理副标题文字

步骤 7 使用“横排文字工具” T 输入商品描述文案，将文案字体统一设置为微软雅黑，并按层级将字体大小分别设置为 30、18、10 和 4 点，然后使用“移动工具”将文案右对齐，效果如图 6-62 所示。

提示

将次要文字缩小，集中排列，使文案形成一个灰色的面，与主体文字形成大小、颜色的对比，能够加强画面的节奏感。

步骤8 使用“横排文字工具”T输入“促销：”文案，调整字体大小为38点，再单击输入“280”，并更改字体为微软雅黑，字体大小为100点，样式为加粗；将“一体碎纸机”的图层样式复制到“280”图层，然后使用“移动工具”将文案对齐，效果如图6-63所示。

步骤9 按【Ctrl+O】组合键打开本章案例四“光效.psd”素材，使用“移动工具”将素材移动至“一体碎纸机”中“体”和“纸”的文字上方，为标题文字添加效果，如图6-64所示。到此，便完成了碎纸机主图的设计。

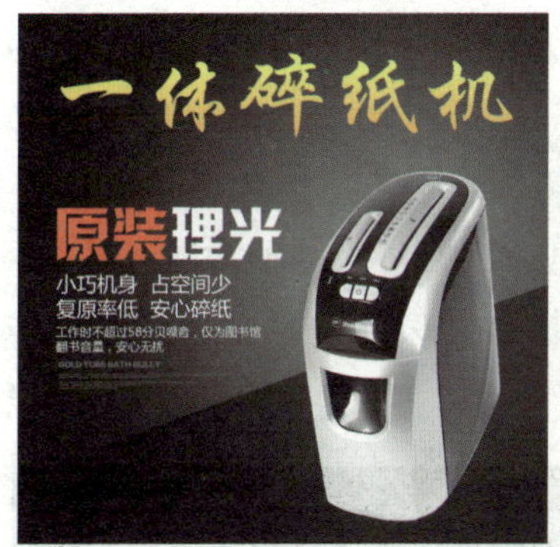

图6-62 输入描述文案

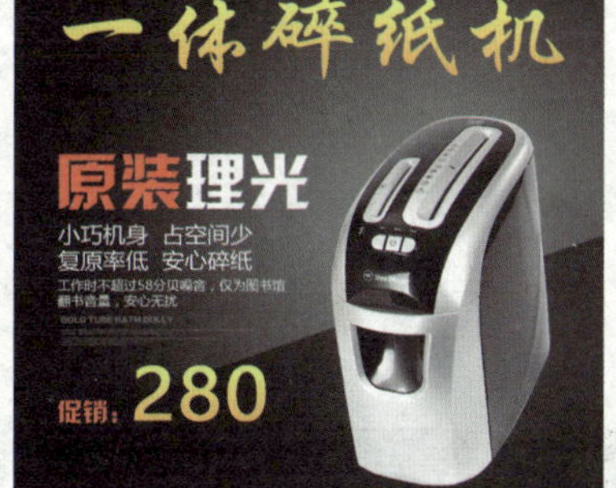

图6-63 输入并处理价格文案

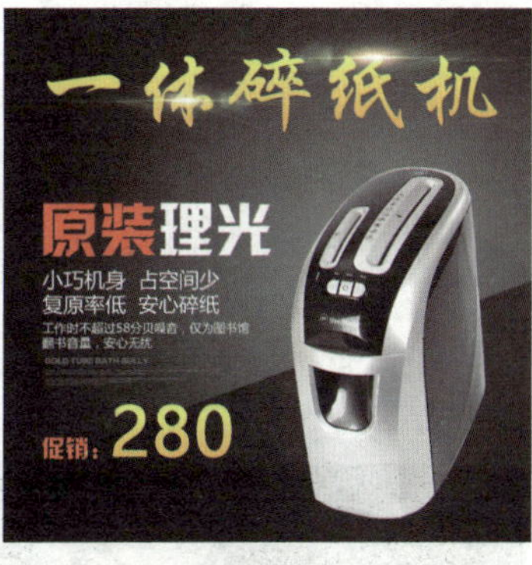

图6-64 导入并处理“光效”素材

6.2.2 课堂案例——设计剃须刀主图

视频讲解

一家销售剃须刀的公司找到了小张，请他制作一张剃须刀主图。这家公司负责网店销售的项目负责人说：“我们公司主要销售剃须刀及相关产品，现在想做一个尺寸为800×800像素的商品主图，我希望该主图能够第一时间吸引顾客的眼球，突出剃须刀特点，文案层次分明，我们会提供相关图片和文案。”

作品展示

根据需求分析设计的剃须刀主图如图6-65所示。该主图画面简洁，文案与主体物色彩统一，并且通过对标题文字的处理，凸显了剃须刀的特点，作为产品主图，十分吸引视线。

图6-65 剃须刀主图

设计思路

① 抓住剃须刀金属质感、干净利落、性能强劲的产品属性，将标题文字外观设计为硬角、金属质感，从而与产品呼应；② 模糊背景图像，使背景与产品形成虚实对比，从而突出主体；③ 提取剃须刀素材中的渐变色作为副标题的背景色，让产品与文案相关联，使广告整体更具统一性。

案例步骤

步骤 1　在 Photoshop 中新建图像文档，设置尺寸为 800×800 像素，分辨率为 72 像素 / 英寸，颜色模式 RGB 颜色，并命名为“剃须刀主图”，然后为“背景”图层填充 #111115 颜色。

步骤 2　按【Ctrl+O】组合键打开本章案例五“背景 .jpg”“桌面 .jpg”“剃须刀 .png”图像素材，使用“移动工具”分别将素材移动至“剃须刀主图”文档中合适位置，并将图层名称更改为素材原始名称，然后调整“桌面”图像的大小、位置并为其添加图层蒙版，再设置前景色为黑色，使用“画笔工具”涂抹桌面以外的区域（保留一些火星图案），如图 6-66 所示。

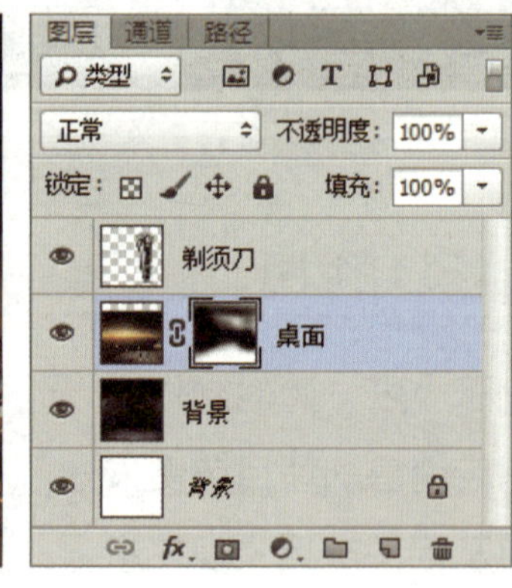

图 6-66　导入并处理主体素材

步骤 3　选择“横排文字工具”，设置文字参数并单击画面输入“强”字；按【Ctrl+O】组合键打开本章案例五“金属材质 .jpg”图像素材，使用“移动工具”将素材移动至“剃须刀主图”文档中合适位置，遮挡“强”文本，并更改图层名称为“金属素材”，然后执行“图层”>“创建剪贴蒙版”命令，使用该图层对“强”图层创建剪贴蒙版，制作金属效果文字，如图 6-67 所示。

图 6-67　输入并处理“强”字

步骤 4　单击“调整”面板中的“色阶”按钮，创建“色阶”调整图层并剪贴在“强”图层上方，然后调整色阶参数，使金属质感更加突出，如图 6-68（a）和（b）所示。

步骤 5　按“步骤 3”“步骤 4”的操作方法分别制作“劲”“动”“力”文字，效果如图 6-68（c）所示。

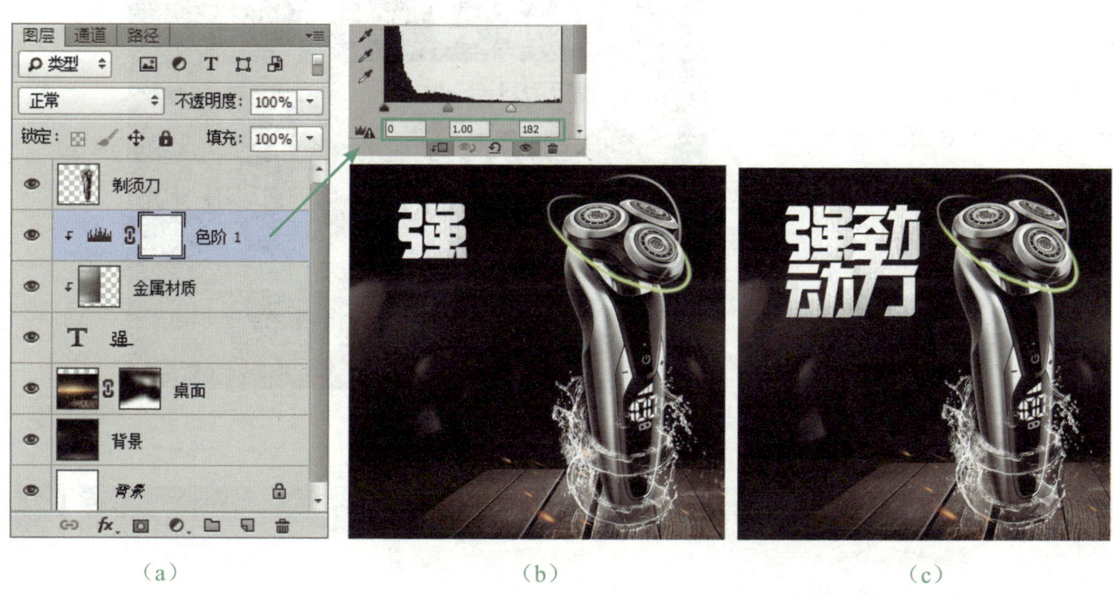

（a）　　　　（b）　　　　（c）

图 6-68　输入并处理主体文案

步骤 6　分别为“强”“劲”“动”“力”图层添加“投影”样式，然后按【Ctrl+O】组合键打开本章案例五“光效 .png”图像素材，并使用“移动工具”将其移动至“劲”字笔画转折处，如图 6-69 所示。

步骤 7　使用“圆角矩形工具”绘制一个 500×175 像素，圆角为 80 像素的圆角矩形，为其添加“渐变叠加”样式，叠加颜色分别为 #b5d22b 和 #f0ea39，如图 6-70 所示。

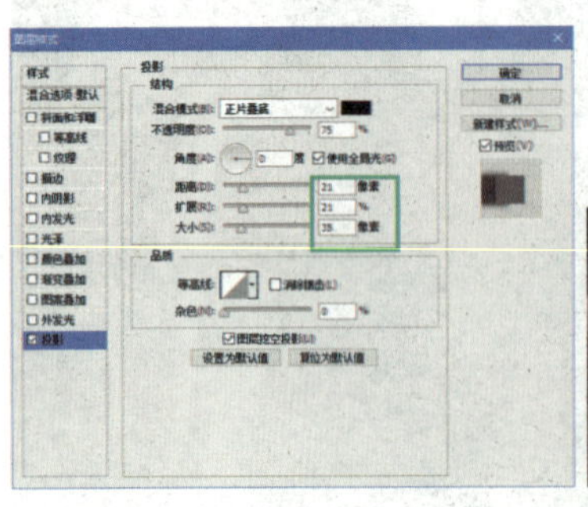

图 6-69　为主体文案添加“投影”样式和光效

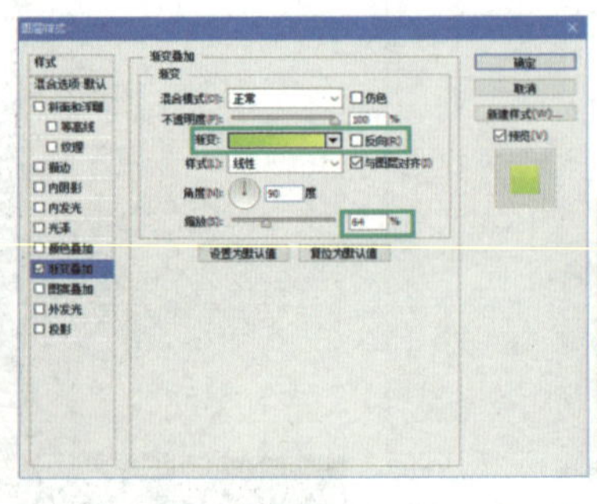

图 6-70　绘制圆角矩形并添加“渐变叠加”样式

步骤 8　选择“横排文字工具”，根据文案的层级设置文字参数（中文文字都使用微软雅黑字体，价格文字使用 Impact 字体），输入文案，然后将“圆角矩形 1”图层的图层样式复制到商品价格文字图层中，最终效果如图 6-71 所示。到此，便完成了剃须刀主图的设计。

图 6-71　输入副标题文案

6.3 网页按钮设计

按钮是网页构成中不容忽视的元素，面积虽小，却是网站细节的体现。设计优秀的网页按钮不仅可以引导浏览者，还可以提高用户的浏览体验，提升网站转化率。

6.3.1　按钮设计原则

在设计页面中的按钮时，应遵循以下 3 个原则。

1. 引人注意

按钮的颜色应区别于周围环境色，且明度和对比度较高。此外，在设计较为重要的按钮时，可适当添加鼠标经过、点击和按下的效果，从而为访问者带来更佳的浏览体验，起到画龙点睛的作用，如图 6-72 所示。

图 6-72　引人注意的按钮

2. 准确反映功能

按钮文字需要言简意赅、直接明了，如注册、下载、创建、免费试玩等，如图 6-73 所示。

图 6-73　准确反映功能的按钮

3. 符合页面风格

网站的风格应贯穿网页的每个环节。在设计按钮时，应尽可能地结合网站风格。以游戏网页中的按钮为例，此类按钮应更注重质感，将金属、岩石、玻璃、木头等素材附在按钮上，以此来传达游戏的性质。图 6-74 所示为使用悬挂的木牌作为游戏页面的按钮，使按钮融入画面且符合网页风格。

图 6-74　符合页面风格的按钮

6.3.2　课堂案例——设计圆形按钮

视频讲解

小张为一家制作五金工具的公司制作网页时，客户要求网页风格应符合公司的行业属性，页面主色为蓝色，版块、按钮都要体现金属质感。

作品展示

根据客户需求，小张制作了如图 6-75 所示的按钮。该按钮金属质感强烈，层次丰富，文字内容清晰，能吸引浏览者目光。

图 6-75　圆形按钮

设计思路

① 圆形相对棱角鲜明的形状更能提升网页对浏览者的亲和力；② 按钮立体感强，可产生凸起于页面的效果，更易吸引浏览者注意力；③ 橙色与页面主色（蓝色）为对比色，能使按钮更加突出。

案例步骤

步骤 1　在 Photoshop 中新建图像文档，设置尺寸为 600×600 像素，分辨率为 72 像素 / 英寸，颜色模式为 RGB 颜色，并命名为“圆形按钮”。

步骤 2　新建图层，命名为“底色”，按住【Shift】键，使用“椭圆选框工具”绘制一个 300×300 像素的正圆选区，再选择“渐变工具”，在工具属性栏中设置渐变类型为“线性渐变”，然后单击工具属性栏中的“点按可编辑渐变”，打开“渐变编辑器”对话框，参考图 6-76 所示设置渐变色，再在图像中拖动鼠标填充选区。

步骤 3　新建图层，命名为“灰”，设置前景色为 #cbcac9，按【Alt+Delete】键填充选区；按【Ctrl+T】组合键进入图像的自由变换状态，然后按住【Shift+Alt】键拖动变换框的角点控制点将灰色正圆等比例适当缩小，如图 6-77（a）所示，按【Enter】键确认变换，效果如图 6-77（b）所示。再新建一个图层，命名为“橙”，为选区填充 #a82f24 颜色，然后参考以上操作适当缩小橙色正圆，效果如图 6-77（c）所示。

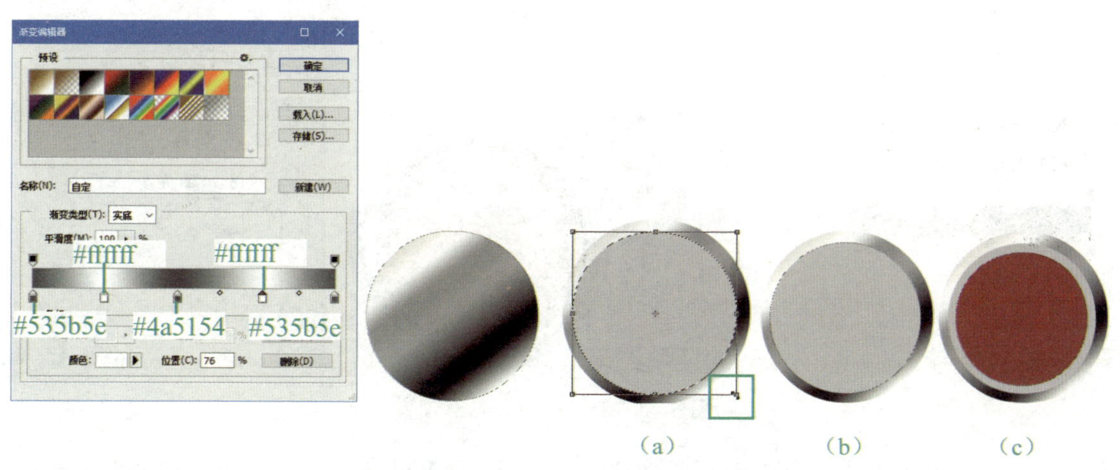

图 6-76　制作按钮底色　　图 6-77　制作按钮外框

步骤 4　继续新建图层，命名为“黑”，将选区填充为黑色，在“图层”面板中将“黑”图层移动至“橙”图层下方，按【Ctrl+D】组合键取消选区；保持“黑”图层的选中状态，选择“移动工具”，按几次【↑】方向键，制作按钮外框的阴影效果，如图 6-78 所示。

步骤 5　在图层面板中选中“橙”图层，然后新建图层，命名为“光 01”；选择“画笔工具”，设置前景色为 #e49220，画笔大小为 200，画笔形状为柔边圆，流量为 60%，在橙色正圆中心单击 4 次，绘制橙色光效；新建图层，命名为“光 02”，设置前景色为白色，在按钮中心偏下单击 2 次，制作白色光效，如图 6-79 所示。

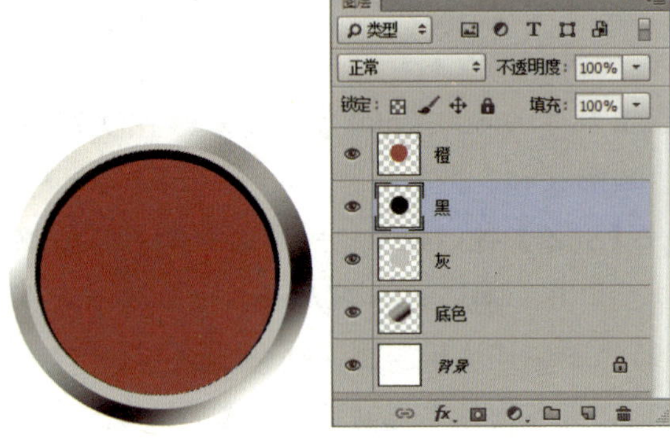

图 6-78　制作按钮外框阴影

图 6-79　制作按钮主体部分

步骤 6　新建图层，命名为“光 03”，使用“椭圆选框工具”在按钮中绘制一个约 180×120 像素的选区，填充白色；为该图层添加图层蒙版，然后选择“渐变工具”，设置渐变类型为“线性渐变”，渐变色为黑白过渡，然后在图像中向上拖动鼠标，为图层蒙版填充黑白渐变（可多尝试几次，直到椭圆呈通透的效果），如图 6-80 所示。

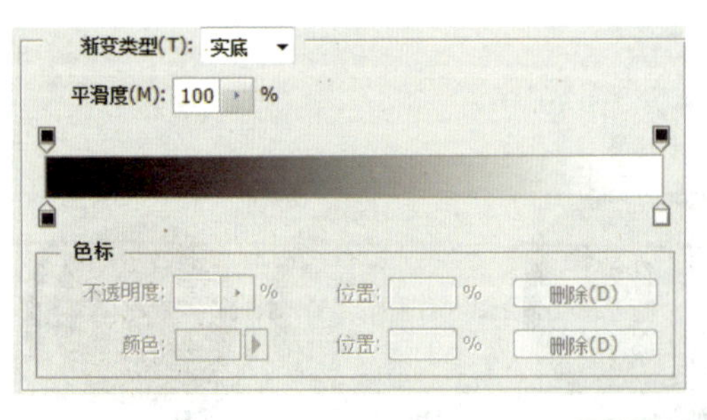

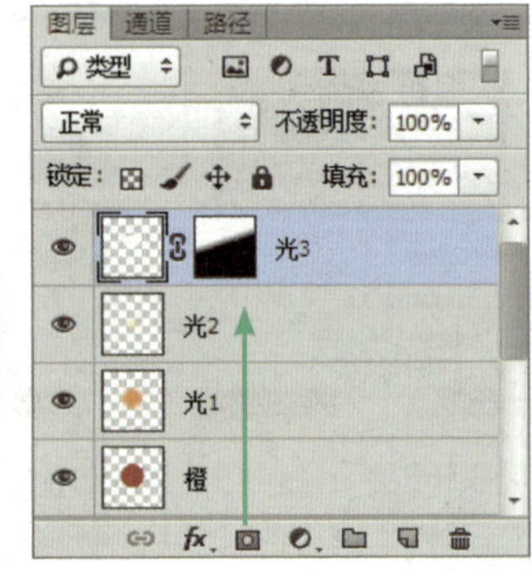

图 6-80　制作按钮高光部分

步骤 7　新建图层，命名为“光 04”，按住【Ctrl】键单击“橙”图层缩略图，制作橙色正圆的选区，然后选择“椭圆选框工具”，按住【Alt】键拖动鼠标修剪选区，如图 6-81（a）（b）所示，再选择“渐变工具”，为选区填充橙、黄、白 3 色线性渐变，效果如图 6-81（c）所示。

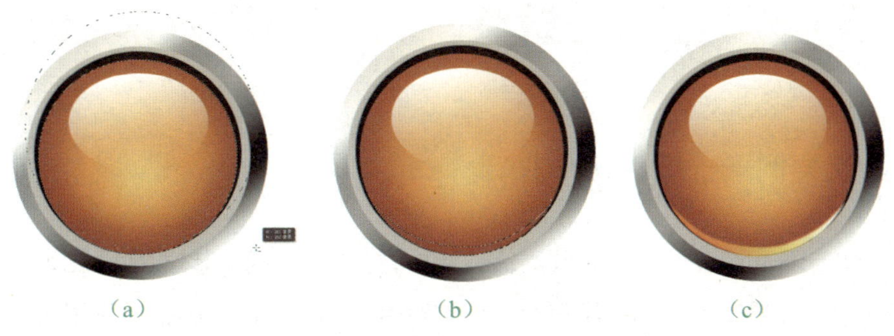

（a）　　（b）　　（c）

图 6-81　制作按钮反光部分（一）

步骤 8　新建图层，命名为“光 05”，选择工具箱中的“钢笔工具”，在图 6-82（a）所示位置绘制光效路径，然后按【Ctrl+Enter】组合键将路径转化为选区，如图 6-82（b）所示，再为选区填充充橙、黄、白 3 色线性渐变，如图 6-82（c）所示。

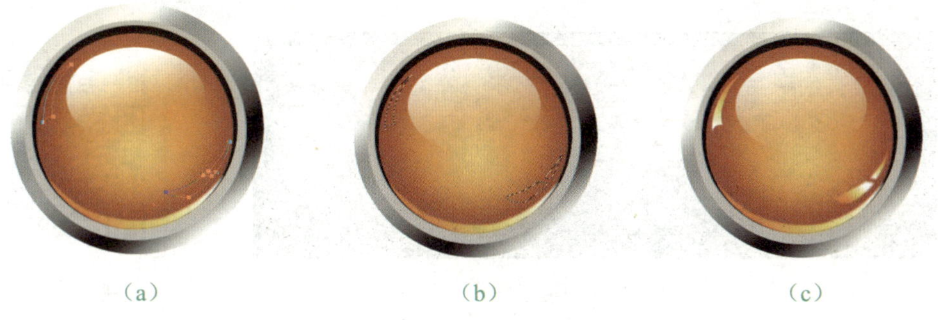

（a）　　（b）　　（c）

图 6-82　制作按钮反光部分（二）

步骤 9　选择“横排文字工具”，设置字符参数，然后输入“立即购买”文字，调整文字位置，再为文字图层添加“投影”样式，如图 6-83 所示。到此，便完成了圆形按钮的设计。

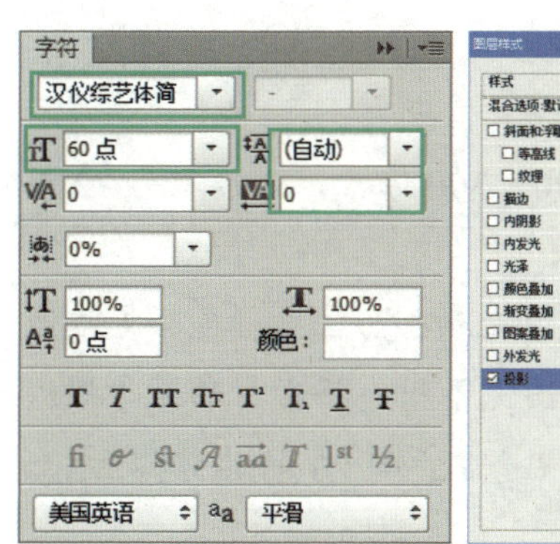

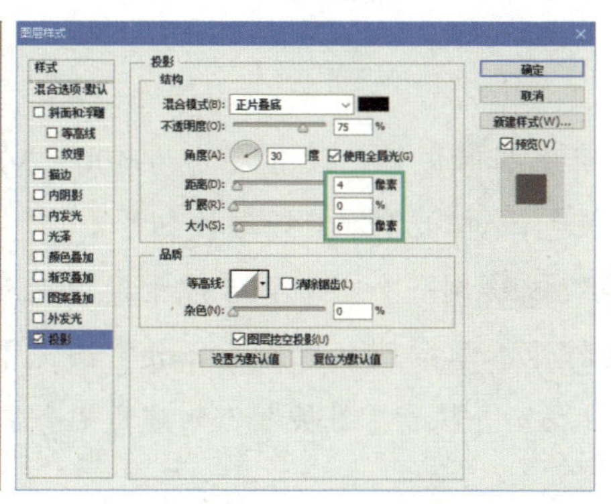

图 6-83　制作文字部分

6.3.3 课堂案例——设计矩形按钮

小张在为一家网游公司制作游戏宣传广告页时，由于游戏题材取自三国时代，因此网页中使用的素材都带有浓烈的古风气息，大到背景，小到按钮，小张都采用古风素材进行设计和制作。

作品展示

图 6-84 是小张设计的用于进入该游戏官网的按钮。该按钮颜色鲜明，十分抢眼，配合古风素材使按钮十分贴合游戏题材气氛，能有效起到吸引浏览者点击的目的。

图 6-84　矩形按钮

视频讲解

设计思路

① 棱角分明的按钮更贴合冷兵器时代兵器的形态，因此按钮形状选择矩形；② 为与网页风格匹配，按钮采用古风装饰素材，使其与页面其他版块更加融洽；③ 按钮采用红色和金黄色作为主体，色彩突出，方便浏览者辨别。

案例步骤

步骤 1　在 Photoshop 中新建图像文档，设置尺寸为 400×300 像素，分辨率为 72 像素 / 英寸，颜色模式为 RGB 颜色，并命名为“矩形按钮”。

步骤 2　使用“矩形工具”绘制一个 290×95 像素、填充颜色为任意颜色、无描边的矩形，按【Ctrl+O】组合键打开本章案例七“岩石 .png”图像素材，将素材移至“矩形按钮”文档中并覆盖在矩形的上方，并执行“图层”>“创建剪贴蒙版”命令，将其剪贴至“形状 1”图层，如图 6-85 所示。

步骤 3　使用“矩形工具”绘制一个 280×87 像素，填充颜色为 #be4140、无描边的矩形，使其与“矩形 1”图像居中对齐，再为该图层添加“描边”样式，如图 6-86 所示。

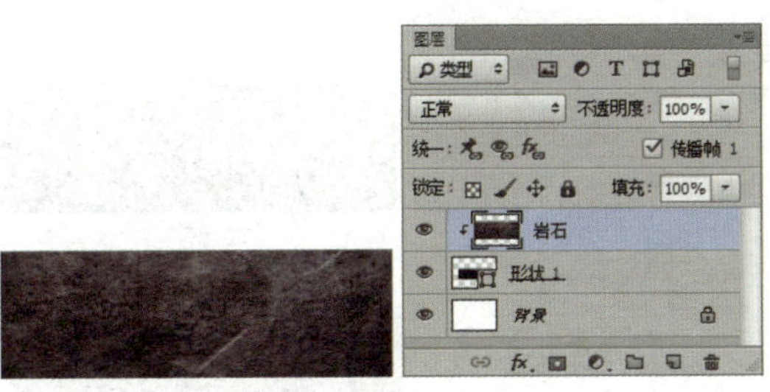

图 6-85　制作按钮底色

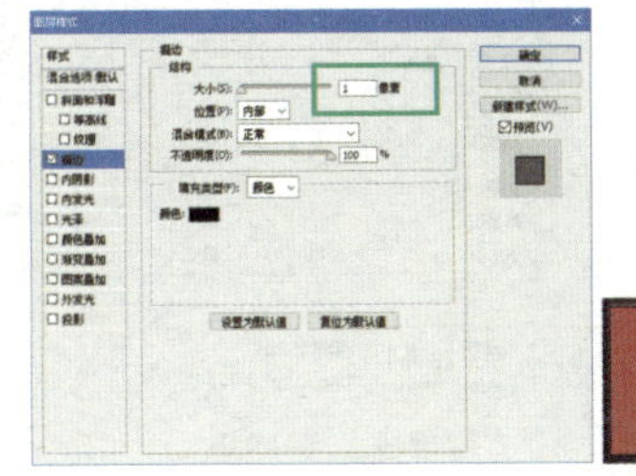

图 6-86　制作按钮主体部分

步骤 4　按【Ctrl+O】组合键打开本章案例七“墙面 .png”“龙纹 .png”“高光 .png”图像素材，依次将它们移至“矩形按钮”文档中，覆盖在矩形上（高光图像位于矩形上边缘和左边缘），剪贴至“矩形 2”图层，然后更改“墙面 .png”和“高光”图层的混合模式为“叠加”，“龙纹”图层的混合模式为“滤色”，不透明度为“20”，如图 6-87 所示。

步骤 5　新建图层，命名为“反光”，选择“画笔工具”，从工具属性栏中设置合适的画笔大小、流量（30% 以下）和透明度，然后绘制白色图形，如图 6-88（a）所示；将“反光”图层剪贴至“形状 2”图层并调整混合模式为“叠加”，效果如图 6-88（b）所示。

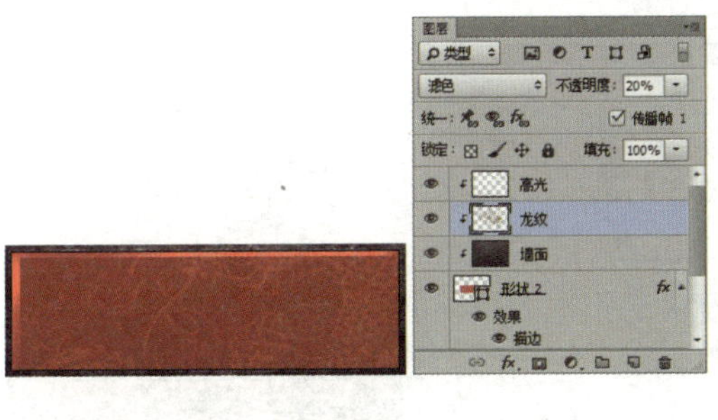

图 6-87　添加并处理素材

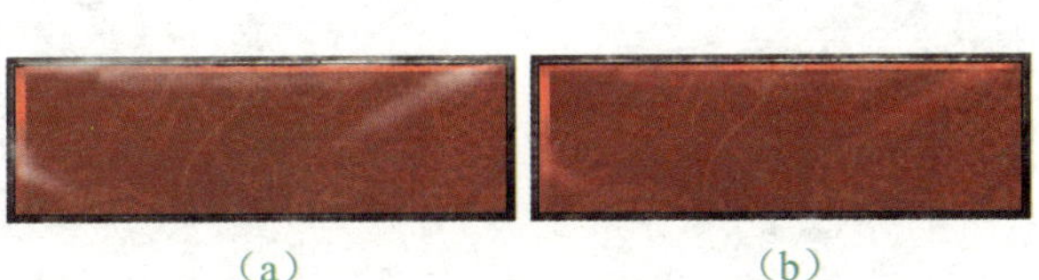

（a）　（b）

图 6-88　绘制反光效果

步骤 6　新建图层，命名为“阴影”，使用“画笔工具”在按钮底部和右侧绘制深灰色阴影，然后将该图层剪贴至“矩形 2”图层并调整混合模式为“叠加”，如图 6-89 所示。

步骤 7　按【Ctrl+O】组合键打开本章案例七“装饰 .png”和“金沙 .png”图像素材，将“装饰”素材移至“矩形按钮”文档中按钮的左侧，然后按【Ctrl+J】组合键复制图像，调整方向置于对侧，如图 6-90 所示。

图 6-89　绘制阴影效果

图 6-90　添加装饰素材

步骤 8　选择“横排文字工具” T，设置字符参数，输入“进入官网”文字，调整文字位置，再为文字应用“内阴影”和“投影”样式；将“金沙”素材移至“矩形按钮”文档中文字上方，剪贴至“进入官网”图层，如图 6-91 所示。

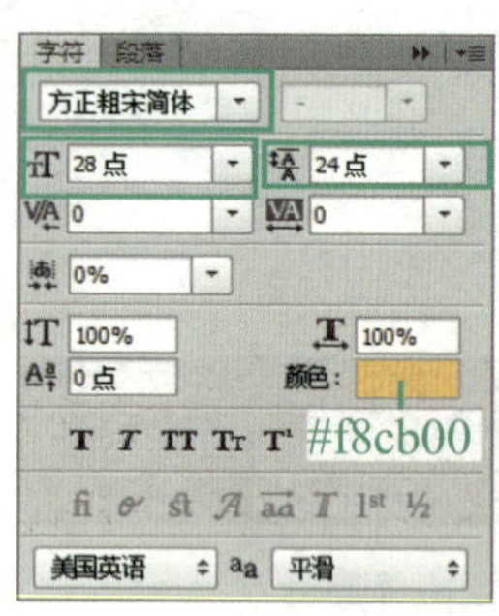
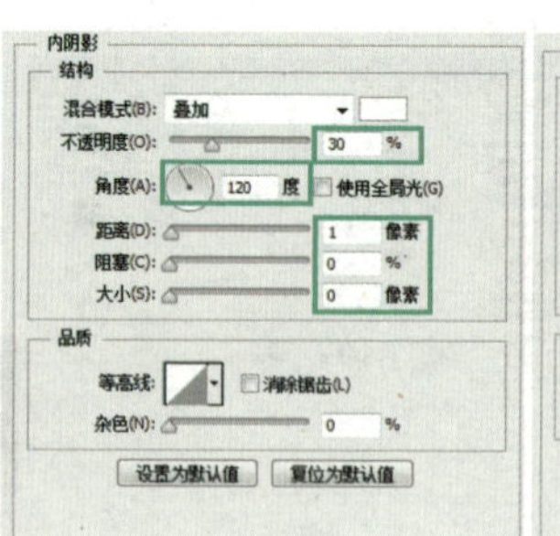
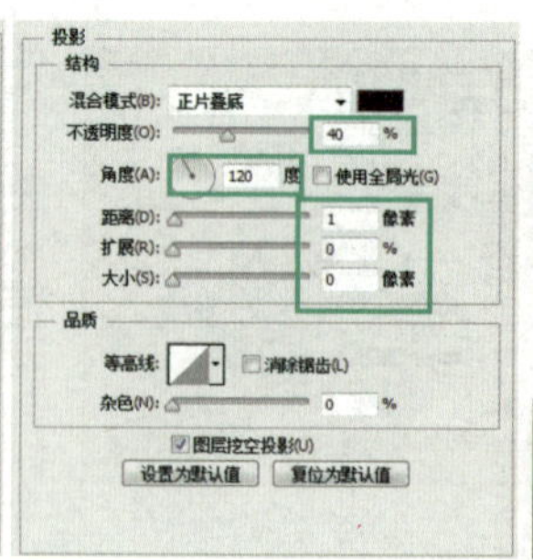

图 6-91　制作主体文字部分

图 6-92　制作文字光效

步骤 9　按【Ctrl+O】组合键打开本章案例七“光效 .png”图像素材，移至“矩形按钮”文档中“进”字位置，并更改图层混合模式为“线性减淡”，然后按【Ctrl+J】组合键复制图像，并将复制的图像移动至“官”字位置，效果如图 6-92 所示。

步骤 10　选择“横排文字工具” T，设置字体为微软雅黑，字号为 12，输入“ENTER”文字，调整文字位置，并为其添加“外发光”和“投影”样式，如图 6-93 所示。到此，便完成了矩形按钮的设计。

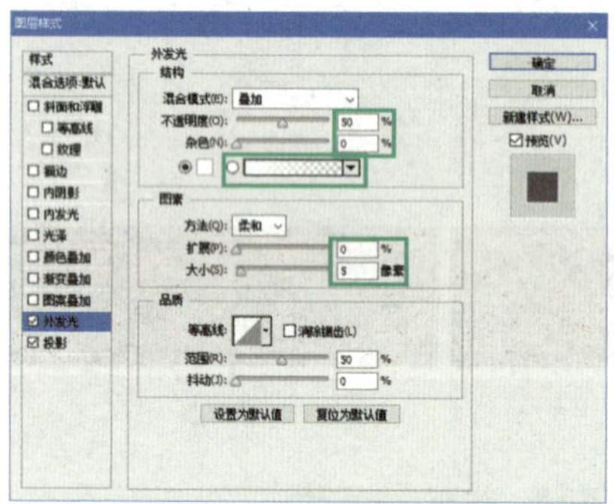
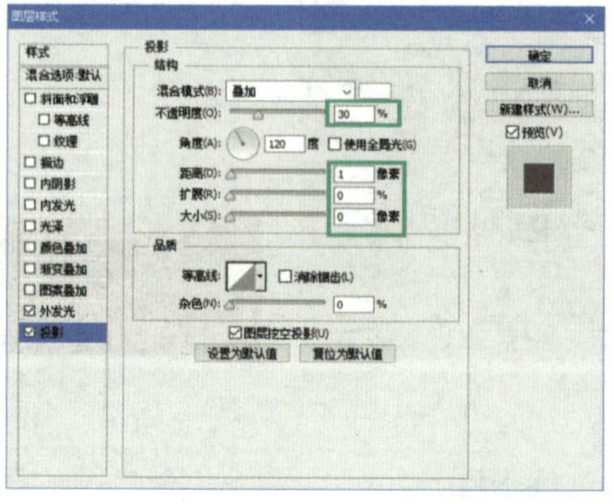

图 6-93　输入“ENTER”文字并添加图层添加样式

课后练习

（1）简述网页广告的分类和构图形式。

（2）简述网页按钮的设计原则。

（3）根据提供的素材（位于本章配套素材“红酒”文件夹中），分别设计以红酒为主题的 Banner、商品主图和网页按钮，要求如下：

① 整体风格以复古、奢华为主。

② Banner 尺寸为 1920×730 像素；商品主图和网页按钮的尺寸不限，但要符合实际应用需要。

③ 文案自拟。

④ 写 100 字以上的设计说明。

第7章 乐能企业网站页面设计

情景模拟

乐能科技有限公司是一家专注于电子产品生产和研发的科技公司。在 2014 年该公司发布了第一版企业门户网站，对内用于公司员工的信息交流，对外用于树立企业形象和发布企业信息。随着公司的发展，这版网站的各项功能和页面风格已不能满足公司的发展需要，亟待改版。小张所在创业团队接到了乐能科技有限公司网站改版的项目，经与项目负责人充分沟通后，小张了解到该公司主要从事手机、电脑和相关配件的生产和销售，网站改版目的是为了完善现有功能，添加购物功能，实现商品的在线销售。

项目负责人要求网站页面的整体风格要简洁、大气，富有科技感，能够让用户快速找到所需信息。

学习目标

掌握企业网站页面的基本布局和页面中各元素的设计方法

掌握制作企业网站首页与子页的方法，能根据页面内容安排版块位置，添加装饰元素

掌握网页切片和输出的方法

7.1 前期规划

在设计网站页面前，首先要了解乐能科技有限公司的企业性质、经营产品和改版目的，才可切实地对网站进行规划，制定最合理的页面设计方案。

7.1.1 规划网站结构

经分析改版需求，对网站结构做出如下规划：

- **树立企业形象，展示商品：**在网站导航栏中可以加入“关于乐能”和“新闻中心”模块，为用户提供了解企业信息的平台。另外，除在首页主体内容版块中展示部分商品外，在网站导航栏中还加入“全部商品”模块，在该模块对应的页面中，将全部商品进行分类展示，以便于用户挑选。
- **网站用户权限：**分为2个等级，一是游客，二是注册会员。游客是未注册用户，需要注册成为会员后才可购买商品。在网站首页中加入“登录”和“购物车”模块，通过这两个模块，注册会员可登录账号并管理购物车；游客用户可进入“登录”页进行注册，或进入“购物车”页后跳转至“注册”页进行注册。注册成功后，还可在“个人中心”页完善各项信息。
- **在线订购功能：**在网站导航栏中加入“全部商品”“服务中心”和“搜索”模块，浏览者可通过这些功能进入对应页面，完成商品的查找、选择与咨询等操作。

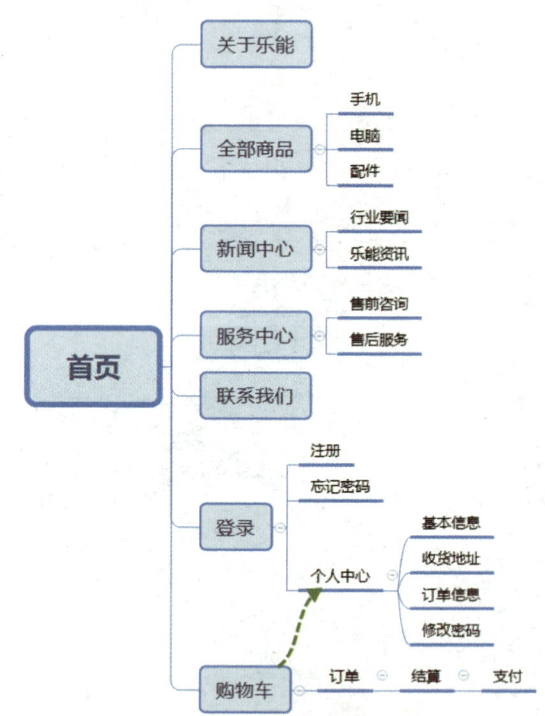

图 7-1　网页结构树状图

首页中的各功能模块如图7-1所示。具体说明如下：

- **搜索：**查询产品、公告、新闻等信息。
- **登录：**采集用户信息，方便产品的销售和售后服务。
- **购物车：**通过购物车功能用户可一次性选购多件商品。
- **关于乐能：**展示企业相关信息，树立企业形象。

◔ **全部商品：**分为“手机”“电脑”和“配件”3个子页，用于商品的展示。

◔ **新闻中心：**分为“行业要闻”和“乐能资讯”2个子页，用于发布即时业界行情，展示乐能最新动态。

◔ **服务中心：**分为“售前咨询”和“售后服务”2个子页，用于打消潜在用户疑虑，为消费者保驾护航。

7.1.2 规划网页布局

规划网页布局时，可先从网页尺寸考虑，然后设计首页和子页布局。

◔ **网页尺寸：**目前显示器都为宽屏，可把网页宽度设置为1920像素，版心宽度为1350像素。

◔ **首页布局：**根据网站的功能定位，网站首页的版块可分为：页首、Banner、商品展示和页尾版块，如图7-2（a）所示。

◔ **子页布局：**根据网站内容，分为横向导航栏、Banner、纵向导航栏、主体内容和页尾版块。如图7-2（b）所示为“关于乐能”子页。

（a）　　（b）

图7-2　首页和子页效果图

7.1.3 规划网页颜色与字体

颜色与字体能影响网页的整体风格，在设计网页前应做出合理规划。

◔ **颜色：**乐能属于科技类公司，因此以大面积的灰色和白色作为网站主要颜色，体现高端、简洁和科技感。其中，采用深灰色（#303030）作为页面主色；浅灰色（#f5f5f5）作为背景色；白色（#ffffff）作为辅助色；从 Logo 中提取的蓝色（#2c9fec）和黄色（#f9e369）作为页面的点睛色。此外，主页中通过商品背景的白色和网页背景的灰色对比，明确商品版块的分类；子页中通过纵向导航栏的蓝色（#2c9fec）和装饰元素的黄色（#f9e369）与 Logo 呼应，让页面整体更契合公司理念。

◔ **字体：**网站中的文字主要以展示企业信息和描述商品为主，因此无须使用过多装饰的字体，只使用常规的微软雅黑和宋体即可，以便阅读，如图 7-3 所示。

颜色
COLOR

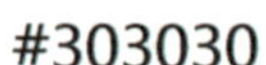

#ffffff

#f5f5f5

#2c8fec

#f9e369

字体
FONT

微软雅黑　1 2 3 4 5 6 7 8 9 0
ABCDEFGHIJKLMNOPQRSTUVWXYZ

宋体　1 2 3 4 5 6 7 8 9 0
ABCDEFGHIJKLMNOPQRSTUVWXYZ

图 7-3　标准颜色与字体

7.2 网站首页制作

下面通过制作乐能科技有限公司的首页，学习介绍网站首页的一般制作方法。

7.2.1　制作页首部分

视频讲解

步骤 1　在 Photoshop 中新建图像文档，设置文档尺寸为 1920×2990 像素，分辨率为 72 像素 / 英寸，颜色模式为 RGB 颜色，文档名称为“网站首页”。设置前景色为 #f5f5f5，按【Alt+Delete】组合键为“背景”图层填充前景色。

步骤 2　在菜单栏中执行“视图”>“新建参考线”命令，依次建立版心、导航栏、Banner 和页尾位置的参考线，如图 7-4 所示。

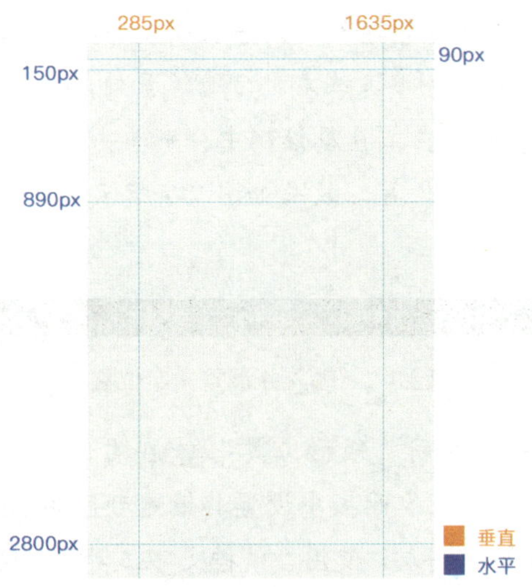

图 7-4　新建参考线

步骤 3　按【Ctrl+O】组合键打开本章案例素材“乐能 Logo.png”，使用“移动工具”将其移至“网站首页”文档中如图 7-5（a）所示的位置，然后在“图层”面板中更改其图层名称为“Logo”。选择“横排文字工具”，在页面最上方右侧垂直参考线的左边输入“登录购物车”（登录与购物车间隔 5 个空格），按【Ctrl+Enter】组合键确定，然后在工具属性栏中设置参数，如图 7-5（b）所示。

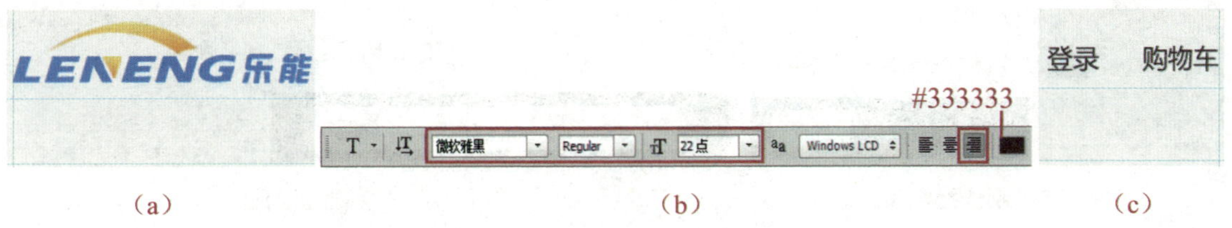

图 7-5　导入素材并输入文字

步骤 4　使用“矩形工具”在导航栏参考线区域绘制一个 1920×60 像素的矩形，在“属性”面板中设置其填充颜色为 #303030，描边为无，并在“图层”面板中更改其图层名称为“导航栏底色”，如图 7-6 所示。

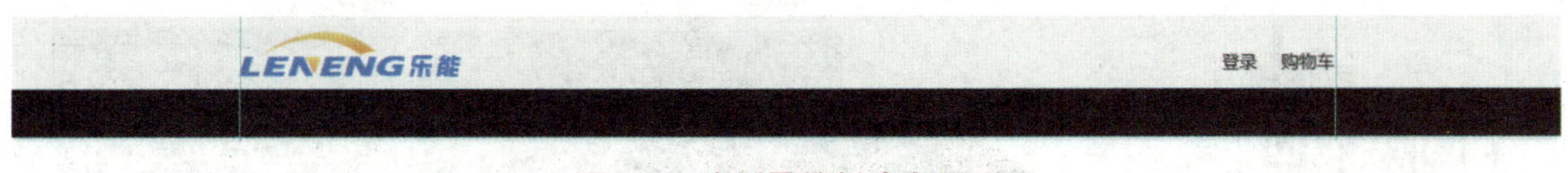

图 7-6　绘制导航栏底色图形

步骤 5　按【Ctrl+Alt+Shift+N】组合键新建图层，使用“横排文字工具”在左侧垂直参考线上单击并输入“首页”，按【Ctrl+Enter】组合键确定，然后在工具属性栏中设置字体为微软雅黑，字体大小为22点，颜色为白色，并单击“左对齐文本”按钮，使文本左对齐参考线。

步骤6　在“首页”文字右侧继续输入其他导航项文字，然后使用“移动工具”调整“联系我们”文字位置，将其移至左侧参考线右侧790像素处，接着在“图层”面板选中除“登录购物车”外的所有文字图层，在工具属性栏中分别单击“水平居中分布”按钮和“垂直居中对齐”按钮，调整文字位置，效果如图7-7所示。

图7-7　输入并调整文字位置

步骤7　绘制搜索按钮。使用“矩形工具”在右侧垂直参考线左侧绘制一个宽高为74×37像素的矩形，在“属性”面板中设置其填充颜色为#e6e6e6，描边为无，然后按【Ctrl+Alt+Shift+N】组合键新建图层，使用“横排文字工具”在刚绘制的矩形上输入“搜索”，按【Ctrl+Enter】组合键确定，并在“字符”面板中设置其参数，如图7-8所示。

步骤8　绘制搜索框。使用“矩形工具”沿搜索按钮左侧绘制一个宽高为242×37像素的矩形，在“属性”面板中设置其填充颜色为白色，描边为无，如图7-9所示。按住【Shift】键，在“图层”面板中分别单击“矩形2”和“Logo”图层，按【Ctrl+G】组合键编组，并更改组名为“页首”。

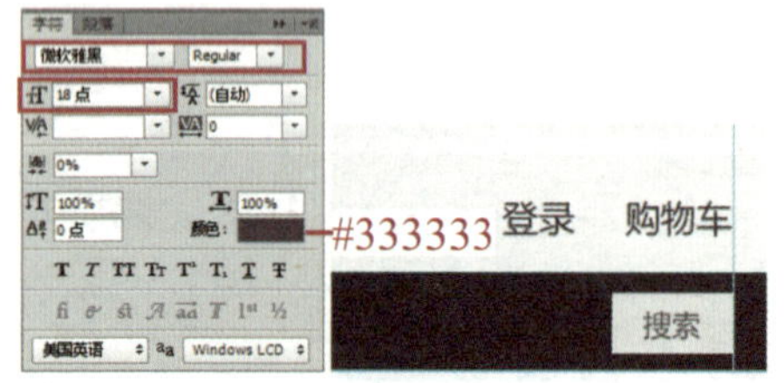

图7-8　制作搜索按钮

图7-9　绘制搜索框

7.2.2　制作Banner

步骤1　按【Ctrl+O】组合键打开本章案例素材“手机.psd”和“海豹.jpg”，使用“移动工具”将海豹图像移至“手机”文档中，并更改其图层名称为“海豹”，如图7-10所示。

视频讲解

图7-10　打开素材文件

步骤 2　按【Ctrl+T】组合键调整海豹图像的大小、角度和位置，按【Enter】键确定，如图 7-11（a）所示。在“图层”面板中展开“手机”图层组，按住【Ctrl】键单击“屏幕”图层缩略图，制作屏幕选区，然后选中“海豹”图层，单击“图层”面板下方的“添加图层蒙版”按钮，利用选区为“海豹”图层添加图层蒙版，效果如图 7-11（b）所示。

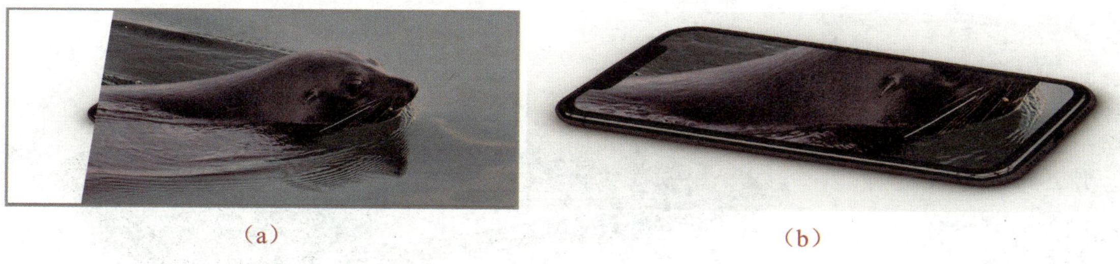

（a）　　　　　　（b）

图 7-11　调整海豹图像位置

提示

制作电视、手机或电脑等带有显示器的商品广告时，通常会将精美的，具有动感的照片素材置于屏幕中，通过图层蒙版等手段处理图像，能模拟破屏而出的效果。这种设计方法虽然操作简单，但容易出效果。

步骤 3　选择“画笔工具”，在工具属性栏中设置画笔参数，如图 7-12（a）所示，然后在“图层”面板中单击选中“海豹”图层的图层蒙版，将前景色设置为白色，使用“画笔工具”涂抹被蒙版遮住的海豹头部，使其显示出来，如图 7-12（b）所示。

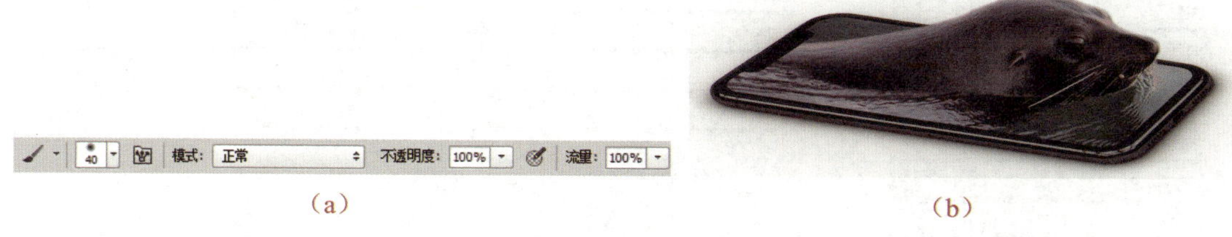

（a）　　　　　　（b）

图 7-12　设置画笔参数并处理图层蒙版

提示

涂抹时用户可配合按【Ctrl++】组合键方法放大图像显示区域；在涂抹错误时可按【Ctrl+Z】组合键后退一步，或按【X】键，切换前景色为黑色，涂抹错误区域，将其遮盖。

步骤 4　按住【Ctrl】键，在“图层”面板同时选中“海豹”图层和“手机”组，使用“移动工具”调整图像位置，然后使用“横排文字工具”在海豹图像上方输入“LE • phone 8”，按【Ctrl+Enter】组合键确定，并在“字符”面板中设置参数，接着在“LE • phone 8”文字下方输入“新一代 LE • phone”，确定后更改其字体大小为 36 点，如图 7-13 所示。

图 7-13　调整图像位置并输入文字

步骤 5　按【Ctrl+Shift+Alt+E】组合键盖印图层，然后在菜单栏中执行“滤镜”>“Camera Raw 滤镜”命令，在“Camera Raw”对话框中设置参数，如图 7-14（a）（b）和（c）所示，单击“确定”按钮，效果如图 7-14（d）所示。

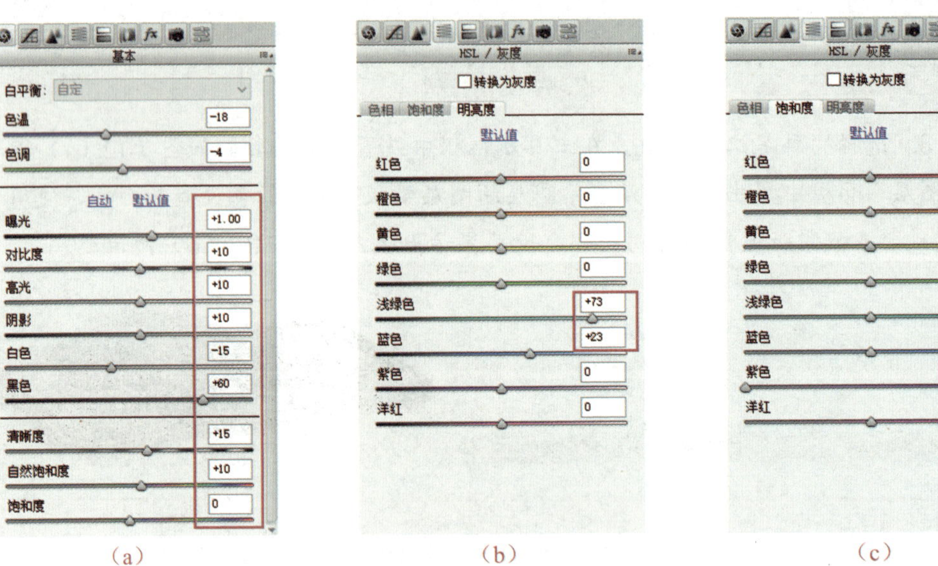

（a）　（b）　（c）

（d）

图 7-14　盖印图层并调整图像颜色

步骤 6　使用“移动工具”将盖印后的图像移至“网站首页”文档的 Banner 版块中，并在“图层”面板中更改图层名称为“Banner”，效果如图 7-15 所示。

图 7-15　制作 Banner 版块并导入手机图像

步骤 7　制作滚动点。使用“椭圆工具”在 Banner 图像上绘制一个直径为 25 像素的正圆，在“属性”面板中设置其填充颜色为 #2c8fec，描边为无，然后按住【Alt】键，使用“移动工具”将正圆右移 50 像素，释放鼠标复制正圆，接着在“属性”面板中更改复制后正圆的填充为无，描边颜色为 #a0a0a0，描边宽度为 2 点，如图 7-16 所示。

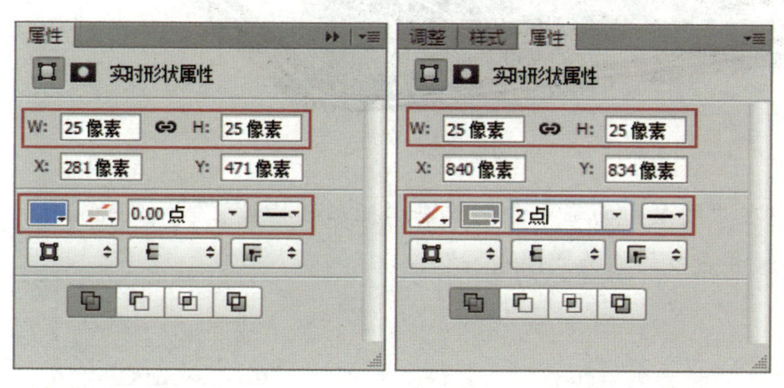

图 7-16　制作 Banner 轮播标识

步骤 8　参考步骤 7 的操作，使用“移动工具”将灰色描边的正圆向右复制两次，各正圆之间间隔 50 像素，最后调整各正圆的位置，如图 7-17 所示。

步骤 9　使用“矩形工具”在 Banner 左侧绘制一个宽高为 60×10 像素的矩形，在“属性”面板中设置其填充颜色为 #eeeeee，描边为无，然后按【Ctrl+T】组合键将其顺时针旋转 45°，按【Enter】键确定，然后按【Ctrl+J】组合键复制该矩形，按【Ctrl+T】组合键，将复制后的矩形逆时针旋转 90° 并确定，最后使用“移动工具”调整两矩形位置，使之组成尖角形状，效果如图 7-18 所示。

图 7-17　调整 Banner 轮播标识位置　　图 7-18　绘制尖角形状

步骤 10　按住【Ctrl】键，在“图层”面板中依次单击同时选中“矩形 3”和“矩形 3 拷贝”图层，按【Ctrl+J】组合键将其复制，然后按【Ctrl+T】组合键进入图像的自由变换状态，右击鼠标，从弹出的快捷菜单中选择“水平翻转”项，按【Enter】键确定，接着使用“移动工具”将复制后的图形移至 Banner 右侧，效果如图 7-19 所示。

图 7-19　制作 Banner 切换图标

步骤 11　按住【Shift】键在“图层”面板中分别单击“矩形 3 拷贝 2”和“Banner”图层，按【Ctrl+G】组合键编组并更改组名为“Banner”。

7.2.3　制作产品分类部分

步骤 1　制作标题参考线。在菜单栏中执行“视图”>“对齐到”>“参考线”命令，然后使用“矩形选框工具”在 Banner 底部参考线下方绘制一个宽为任意像素，高为 48 像素的矩形选区，接着按【Ctrl+R】组合键显示标尺，在水平标尺中下拖鼠标，将拖出的参考线与选区底部重合，如图 7-20 所示。

视频讲解

图 7-20　绘制标题参考线

提示

精准创建参考线的方法有两种：① 用菜单栏中的“新建参考线”命令创建精确的参考线；② 按【Ctrl+R】组合键显示标尺，使用选区工具制作指定宽度或高度的选区，将选区移至指定位置，在标尺中拖出参考线，使其与选区边缘对齐，利用选区的宽度或高度确定参考线位置。此外，通过移动选区位置，还可制作不同位置的参考线。

步骤 2　参考步骤 1 的操作在 Banner 底部参考线下方 86、502、550、680 和 728 像素处分别制作水平参考线，如图 7-21 所示。

图 7-21　制作水平参考线

提示

本例中的大版块之间间隔为48像素。例如，Banner版块和标题版块、手机版块和电脑Banner版块。

步骤3　使用“矩形选框工具”沿左侧垂直参考线绘制一个宽为326像素，高为任意像素的矩形选区，然后在垂直标尺上右拖鼠标，将拖出的参考线与选区右侧重合，再按此方法依次绘制与最左侧垂直参考线相距342、668、684、1009和1024像素的参考线，将“手机版块”分割成4个小版块，如图7-22所示。

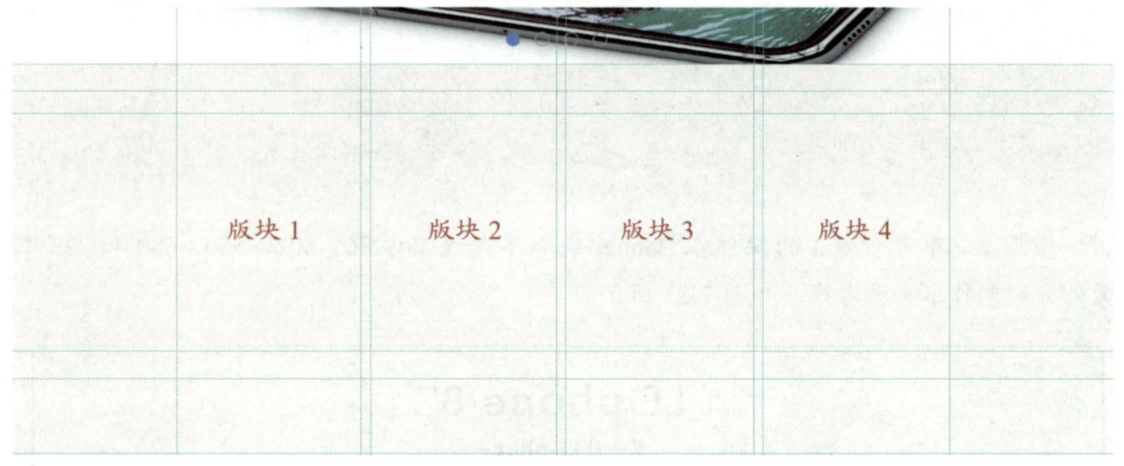

图7-22　制作垂直参考线

步骤4　使用“横排文字工具”在“标题版块”左上角输入“手机”，按【Ctrl+Enter】组合键确定，然后在“字符”面板中设置参数，接着在“标题版块”右侧输入“查看全部”，确定后更改其字体大小为24点，如图7-23所示。

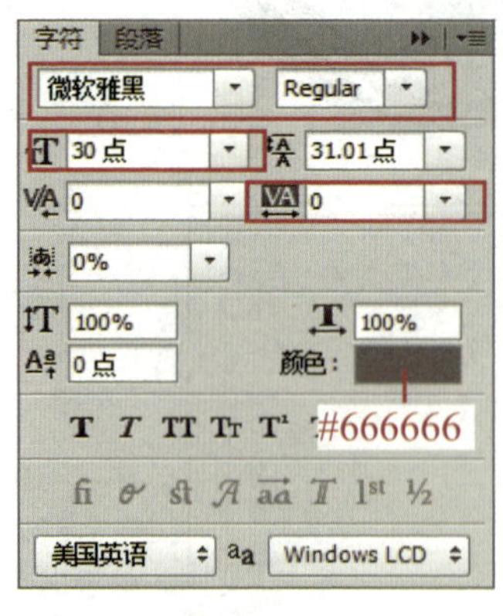

图7-23　输入标题文字

步骤5　使用“椭圆工具”在“标题版块”左上角绘制一个直径为22像素的正圆，在“属性”面板中设置其填充颜色为#666666，描边为无，然后展开“图层”面板中的“Banner”

组，按住【Alt】键，拖动“矩形 3 拷贝 2”图层至“椭圆 2”图层上，接着按【Ctrl+T】组合键将“矩形 3 拷贝 3”图形缩小，并移至“椭圆 2”图形上，按【Enter】键确定，如图 7-24 所示。

步骤6　使用“矩形工具”在“版块 1”中绘制一个宽高为 326×416 像素的矩形，在“属性”面板设置其填充颜色为白色，描边为无。按住【Alt+Shift】组合键，水平向右拖动刚绘制的矩形至“版块 2”中，释放鼠标复制矩形，再按此方法，将矩形复制到“版块 3”和“版块 4”中，如图 7-25 所示。

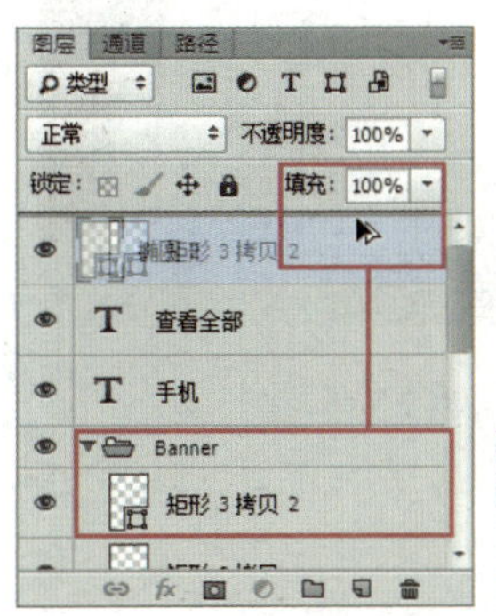

图 7-24　绘制查看全部图标

图 7-25　制作版块底色

步骤7　制作“版块 1”中的广告。按【Ctrl+O】组合键打开本章案例素材“手机版块 1.psd”和“滑雪.jpg”，然后使用“移动工具”将滑雪图像移至“手机版块 1”文档中，按住【Alt】键，在“图层 1”和“矩形 1”图层间单击，将“图层 1”剪贴至“矩形 1”图层中，最后按【Ctrl+T】组合键调整“图层 1”图像，使人物主体处于屏幕中，按【Enter】键确定，如图 7-26 所示。

图 7-26　打开素材并调整图像

提 示

剪贴蒙版遮挡了人物的胳膊、雪杖和部分滑雪板，由于遮挡部分轮廓复杂，因此不适合使用图层蒙版配合“画笔工具”的方法进行处理，此时，可用“钢笔工具”配合图层蒙版处理复杂轮廓。

步骤8　按【Ctrl+J】组合键复制“图层 1”图层，选择“钢笔工具”，在工具属性栏中设置其工具模式为“路径”，然后从人物肩部开始依次单击添加锚点，制作右臂和雪杖路径，如图 7-27 所示。

图 7-27 制作右臂路径

知识库

锚点：路径由直线路径段或曲线路径段组成，它们通过锚点链接，一种是平滑点，另一种是角点，其中平滑点连接形成平滑的曲线；角点连接形成直线，或转角曲线，如图 7-28 所示。用户可通过按住【Alt】键单击锚点，将平滑点转换为角点，或将角点转换为平滑点。

方向线：曲线路径段上的锚点有方向线，方向线的端点为方向点，它们用于调整曲线的形状。

路径：路径包括闭合和不闭合路径两种，它可以转换为选区或对路径进行填充和描边。本例中需要通过路径对人物被遮挡图像制作选区。

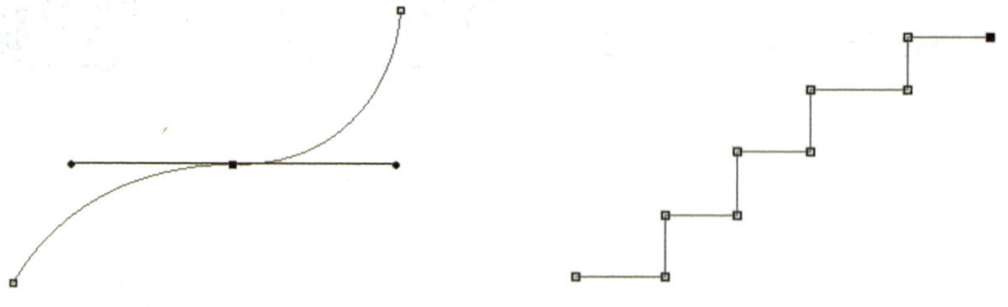

图 7-28 平滑点连接的曲线和角点连接的直线

步骤 9 当绘制路径到手机屏幕区域时，隐藏“图层 1 拷贝”图层，然后单击手机屏幕右下方滑雪板底部，如图 7-29（a）所示。显示“图层 1 拷贝”图层，继续制作滑雪板和腿部轮廓路径，在制作完腿部轮廓后，再次隐藏“图层 1 拷贝”图层，单击人物左腕处，如图 7-29（b）所示。显示“图层 1 拷贝”图层，制作左手轮廓，如图 7-29（c）所示。

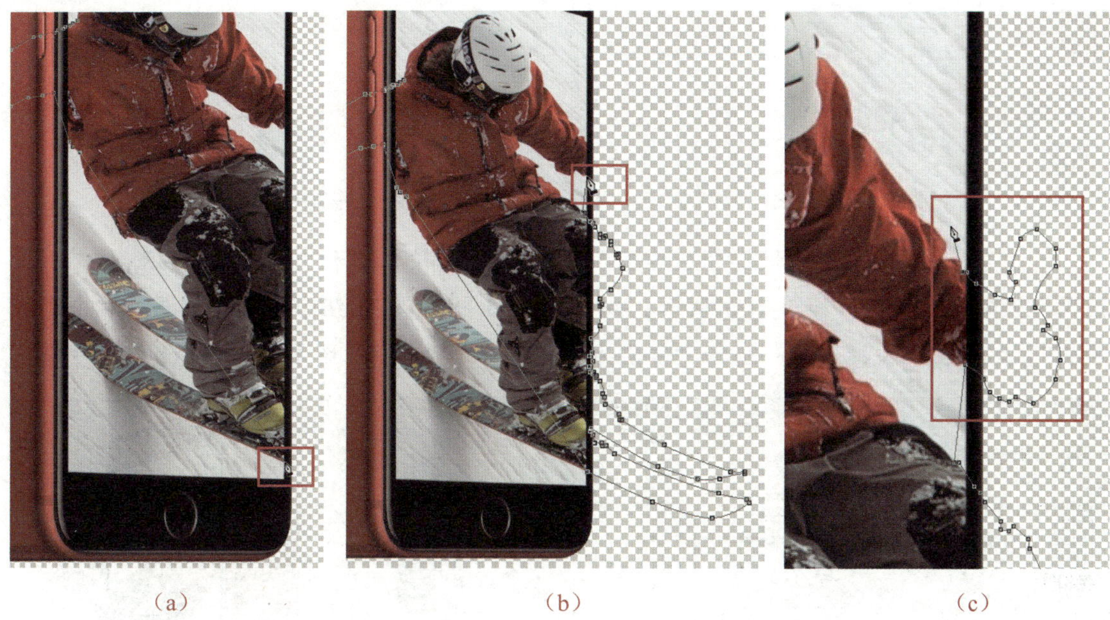

（a）　　（b）　　（c）

图 7-29　制作滑雪板和腿部路径

提 示

钢笔抠图是设计师处理图像的常用技巧，在抠取复杂轮廓时，设计师可进行下面操作：① 配合使用【Ctrl++】和【Ctrl+-】组合键控制图像的缩放比例。② 为减少抠取区域，用户可在制作路径过程中，根据需要隐藏当前图像，观察下方图像，以确定抠取位置。例如，本例中屏幕内图像无需抠取，因此，可在路径进入屏幕后隐藏“图层 1 拷贝”图层，直接绘制屏幕外图像的路径，从而提高效率。

步骤 10　继续使用“钢笔工具” 单击人物右肩处锚点，制作闭合路径，然后按【Ctrl+Enter】组合键将路径转换为选区，接着在“图层”面板中单击“添加图层蒙版”按钮 ，为“图层 1 拷贝”添加蒙版，如图 7-30（a）和（b）所示，最后按【Ctrl+I】组合键将蒙版反相，如图 7-30（c）和（d）所示。

（a）　　（b）　　（c）　　（d）

图 7-30　制作闭合路径并处理图层蒙版

提示

由于后面制作的图像背景颜色是白色到灰色的渐变，因此雪杖绳套镂空处的白雪可忽略不计。

步骤 11　在“调整”面板中分别单击“自然饱和度”按钮和“曲线”按钮，并在“属性”面板中调整参数，如图 7-31 所示。按【Ctrl+Alt+Shift+E】组合键盖印图层，右击“图层 2”，从弹出的快捷菜单中选择“转换为智能对象”项，将“图层 2”转换为智能对象。

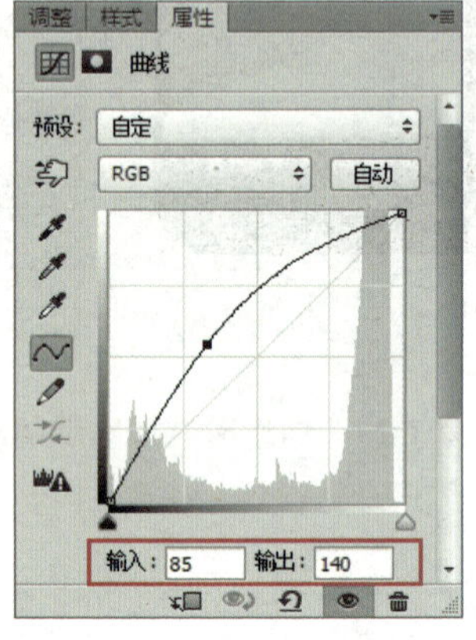

图 7-31　调整图像颜色

知识库

智能对象能保留图像中所有原始特性，从而让用户对图层执行非破坏性编辑。

步骤 12　使用“移动工具”将盖印后的“图层 2”图像移至“网站首页”文档的“版块 1”中，并在“图层”面板中更改其图层名称为“滑雪”，按【Ctrl+T】组合键调整图像的尺寸和位置，按【Enter】键确定。在“图层”面板中选择“矩形 4”图层，在“属性”面板中更改其填充颜色，如图 7-32 所示。

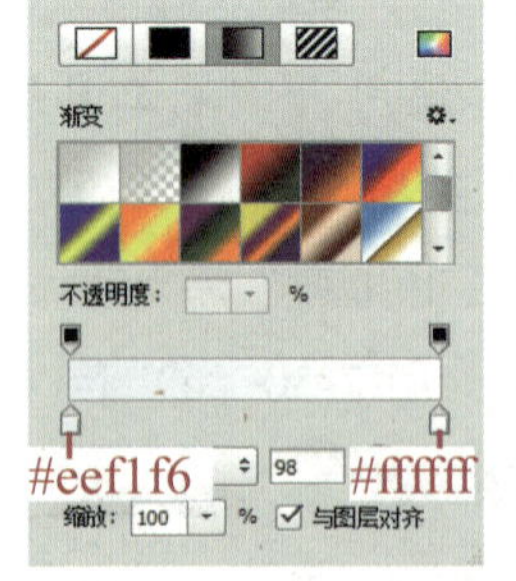

图 7-32　调整图像位置并为矩形填充渐变颜色

步骤 13　使用“横排文字工具”在“滑雪”图像上方输入“乐能 Wise 7”，按【Ctrl+Enter】组合键确定，在“字符”面板中设置参数，如图 7-33（a）所示，然后在“乐能 Wise 7”文字下方输入“前置 2000 万……”，确定后设置参数，如图 7-33（b）所示，再按此方法在“前置 2000 万……”文字下方输入“3699 元”，确定后设置参数，如图 7-33（c）所示，最后使用“移动工具”调整各图像位置，如图 7-33（d）所示。

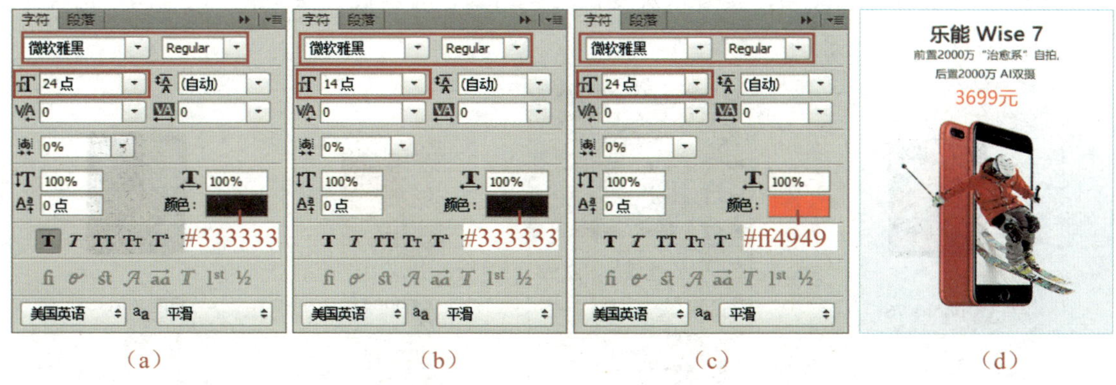

（a）（b）（c）（d）

图 7-33　制作“版块 1”中的文字

步骤 14　按【Ctrl+O】组合键打开本章案例素材“手机 2.png”“手机 3.png”和“手机 4.png”，使用“移动工具”将其依次移至“网站首页”文档的“版块 2”“版块 3”和“版块 4”中，并在“图层”面板中更改图层名称为素材原始名称，如图 7-34 所示。

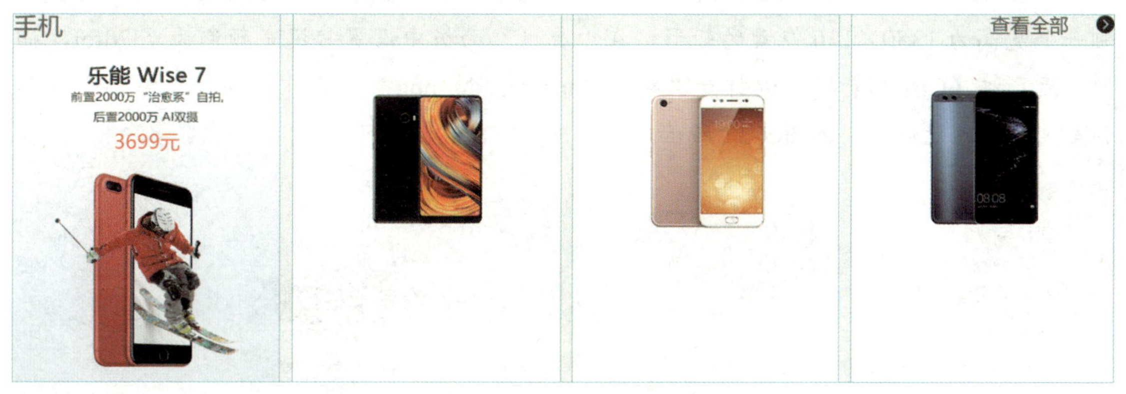

图 7-34　导入并调整素材位置

提示

科技类商品图片通常使用白色作为商品背景，这样利于将用户视觉焦点集中到商品上，从而突出商品，同时也能让页面更加简洁和大气。

步骤 15　选择“横排文字工具”，在“手机 2”图片下方输入“LE • phone 7S”，按【Ctrl+Enter】组合键确定，在“字符”面板中设置字体大小为 24 点，文本颜色为 #333333，然后在其下方输入“5.99……”，确定后更改字体大小为 18 点，文本颜色为 #808080，接着在“5.99……”文字下方输入“3270 元”，确定后更改字体大小为 24 点，文本颜色为 #ff4949，效果如图 7-35 所示。

步骤 16　按住【Shift】键在“图层”面板中分别单击“3270 元”和“LE • phone 7S”图层，然后按住【Alt+Shift】组合键，使用“移动工具”水平右拖选中的文字至“手机 3”图片下方，释放鼠标复制文字，接着依次更改文字内容，再按此方法制作“手机 4”图片下方文字，如图 7-36 所示。

图 7-35　制作“版块 2”中的文字

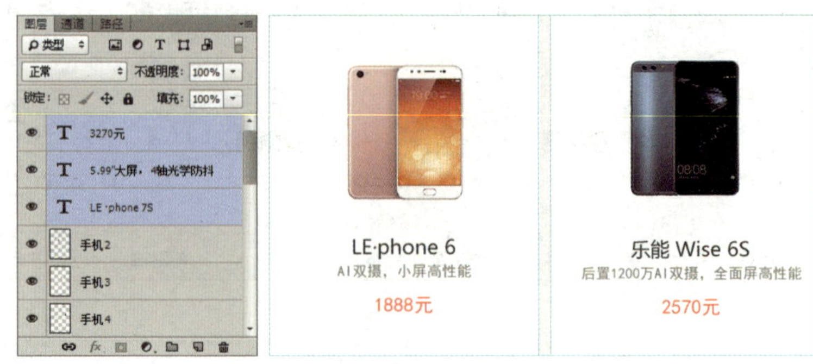

图 7-36　制作版块 3 和版块 4 文字

步骤 17　在“图层”面板中选中除“背景”“Banner”和“页首”外的所有图层，按【Ctrl+G】组合键编组并更改组名为“手机版块”。

步骤 18　制作“电脑 Banner”。使用“矩形工具”在“电脑 Banner”版块区域绘制一个宽高为 1350×130 像素的矩形，在“属性”面板中设置其填充颜色为 #d7dfef，描边为无。按【Ctrl+O】组合键打开“电脑 Banner 素材 .png”，使用“移动工具”将其移至刚绘制的矩形上，如图 7-37 所示。

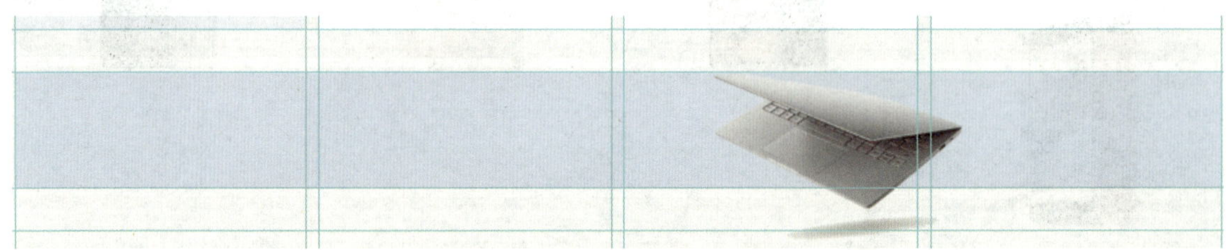

图 7-37　绘制矩形并导入素材

步骤 19　按住【Alt】键，在“图层”面板中的“图层 1”和“矩形 5”图层间单击，将“图层 1”剪贴至“矩形 5”图层，然后选中“图层 1”图层，调整其混合模式为明度，如图 7-38 所示。

图 7-38　制作近景电脑

步骤20 按【Ctrl+J】组合键复制“图层1”图层，按【Ctrl+T】组合键执行自由变换命令，右击鼠标，选择“水平翻转”项，然后适当缩小图形，移至“图层1”图像左上方，按【Enter】键确定，并将其剪贴至“矩形5”图层中，如图7-39所示。

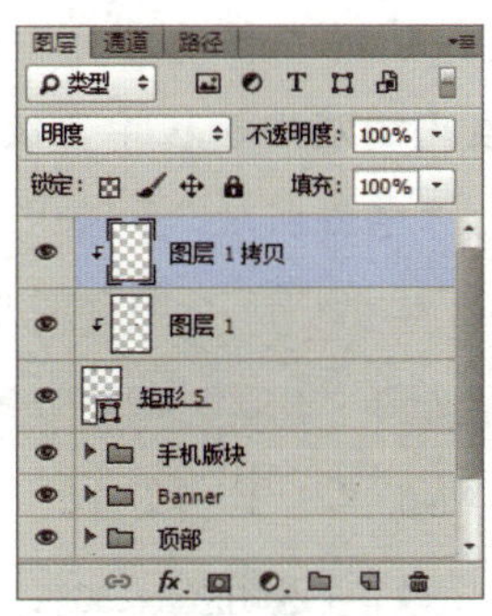

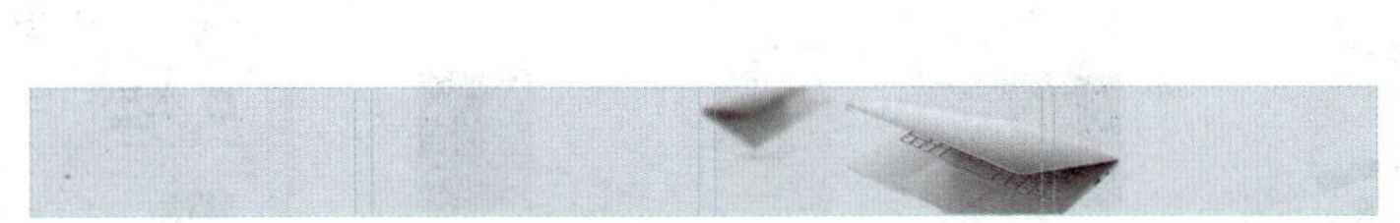

图7-39 制作远景电脑

步骤21 为了进一步加强两个电脑的前后对比，在菜单栏中执行“滤镜”>“模糊”>“高斯模糊”命令，在“高斯模糊”对话框中设置“半径”为2.8像素。使用“横排文字工具”T在电脑图像左侧输入“乐能笔记本Air M2”，按【Ctrl+Enter】组合键确定，并在“字符”面板中设置参数，然后在刚输入的文字下方输入“做轻薄本……”，确定后更改文字参数，如图7-40所示。

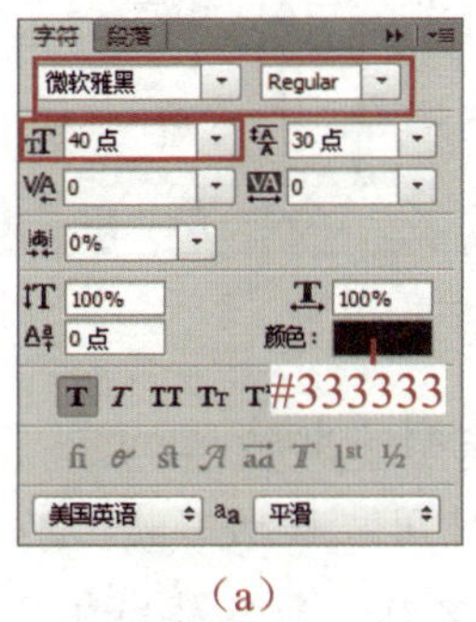

（a）

（b）

（c）

图7-40 模糊图像并输入文字

提示

在Banner设计中，设计师要将产品特性与文案结合。例如，“步骤21”中电脑的特点是“轻”“薄”和“性能高”，因此可在制作描述性文案时，将字体样式设置为“light”，通过纤细的字体样式呼应电脑“轻”和“薄”的特点，从侧面反映电脑特点。

步骤 22 按住【Shift】键，在“图层”面板中分别单击“矩形 5”和“做轻薄本……”图层，按【Ctrl+G】组合键编组，并更改组名为“电脑 Banner”。

步骤 23 制作电脑和配件 Banner 版块。按住【Ctrl】键，在“图层”面板中同时选中“电脑 Banner”和“手机版块”组，按住【Alt+Shift】组合键，使用“移动工具”将选中图像垂直下移至“电脑 Banner 版块”下方参考线下，然后在“图层”面板中更改“电脑 Banner 拷贝”的组名为“配件 Banner”，“手机版块拷贝”为“电脑版块”，如图 7-41 所示。

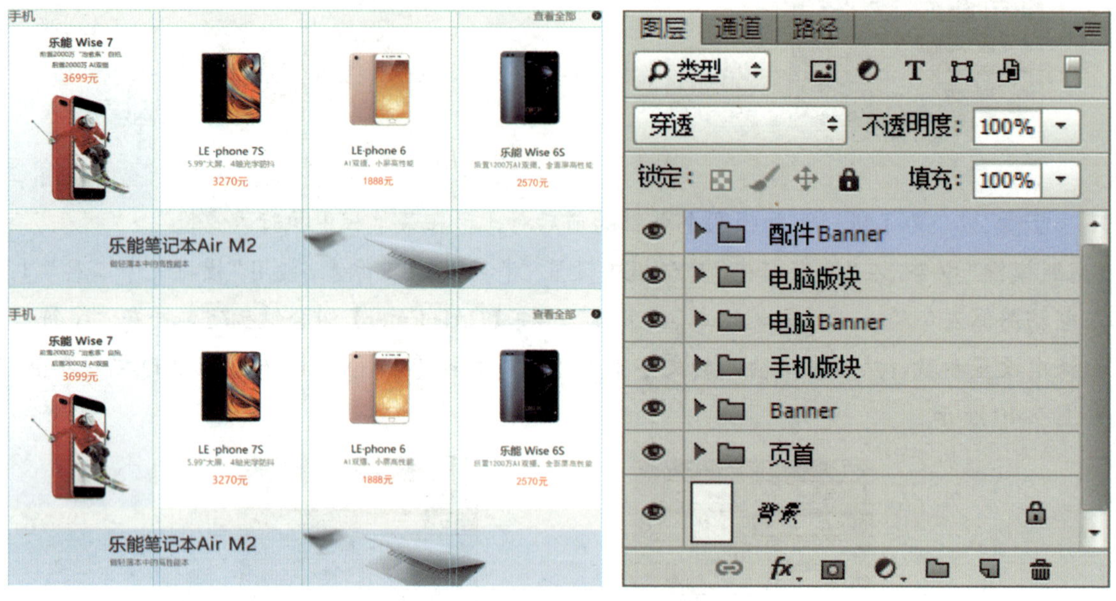

图 7-41 复制图层组并更改组名

步骤 24 按【Ctrl+O】组合键打开本章案例素材“电脑 1.png”“电脑 2.png”“电脑 3.png”“电脑 4.png”和“配件 Banner.png”，使用“移动工具”将其移至“网站首页”文档中合适位置，并更改图层名称为素材原始名称，然后替换相应图像，接着更改复制组中的标题和商品信息文字，如图 7-42 所示。

图 7-42 制作电脑版块和配件 Banner 版块

步骤 25　制作配件版块。在“图层”面板中选中“电脑版块”组，按住【Alt+Shift】组合键，使用“移动工具”将选中图像垂直下移距配件 Banner 下方 48 像素处，然后按【Ctrl+O】组合键打开本章案例素材“配件 1.png”“配件 2.png”“配件 3.png”和“配件 4.png”，使用“移动工具”将其素材移至“网站首页”文档中，并参考制作电脑版块的方法，替换对应位置的图片和文字，如图 7-43 所示。

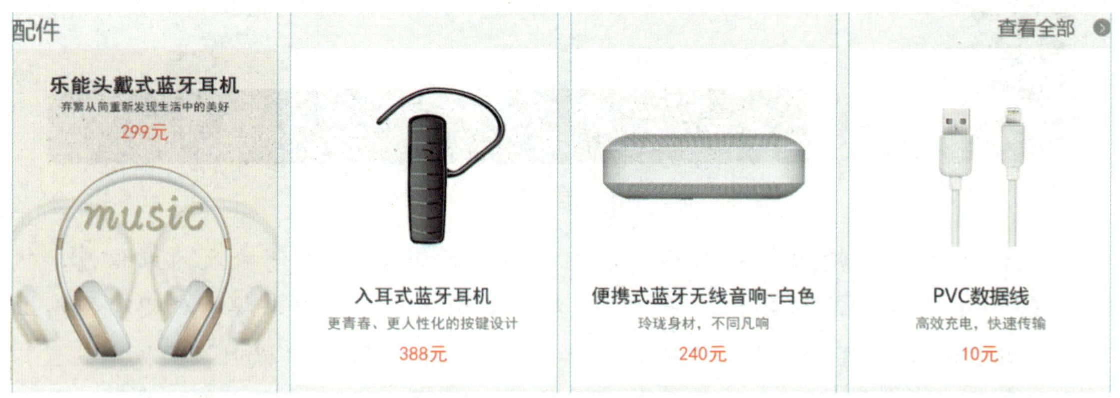

图 7-43　制作配件版块

提示

“手机版块”“电脑版块”和“配件版块”中的“版块 1”都对商品图片进行了艺术化处理，其目的是为了区别于其他商品版块，让商品展示区域更丰富。设计师在排列大量相同元素时，可采用同样方法处理首个元素，从而避免页面呆板。

7.2.4　制作页尾部分

视频讲解

步骤 1　制作页尾版块。在“图层”面板中选中“背景”图层，使用“矩形工具”沿底部水平参考线下方绘制一个宽高为 1920×190 像素的矩形，在“属性”面板中设置其填充颜色为 #303030，描边为无。展开“页首”组，选中“Logo”图层，按住【Alt+Shift】组合键，使用“移动工具”将 Logo 图像垂直下移至“矩形 6”图形中，并将“Logo 拷贝”图层移出“顶部”组，如图 7-44 所示。

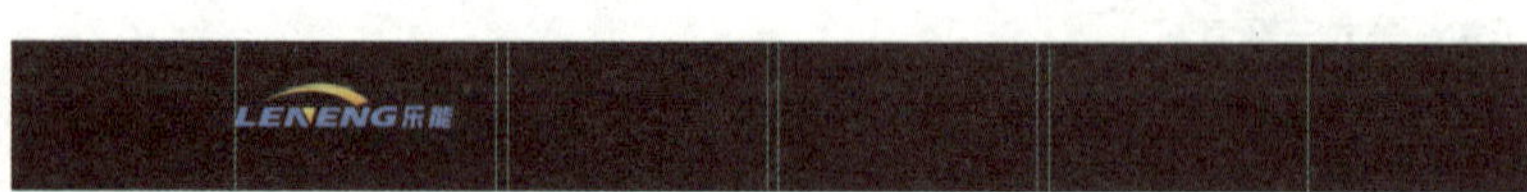

图 7-44　制作页尾版块底色和 Logo

步骤 2　使用“横排文字工具” 在页尾版块的 Logo 右侧输入网站信息，然后按【Ctrl+Enter】组合键确定，并在“字符”面板中设置参数，接着使用“矩形工具” 在 Logo 与文字间绘制一个宽高为 2×76 像素的矩形，在“属性”面板中设置其填充颜色为 #cccccc，描边为无；使用“移动工具” 调整各图像位置，将“Logo 拷贝”“copyright……”“矩形 6”和“矩形 7”图层编组，并更改组名为“页尾”，如图 7-45 所示。

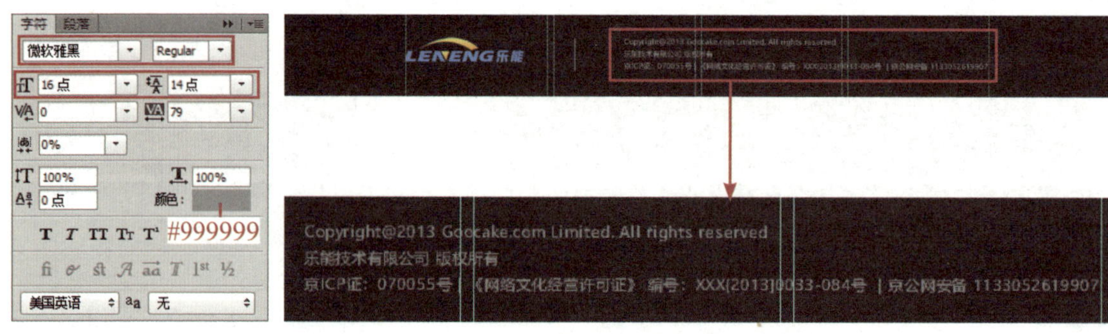

图 7-45　制作页尾版块

步骤 3　按【Ctrl+Shift+S】组合键将文档存储为 psd 格式。

7.3 网站子页制作

子页以叙述内容为主，各子页布局应当统一，且与首页风格相同。下面通过制作“关于乐能”子页，介绍企业网站子页的一般制作方法。

视频讲解

7.3.1　制作纵向导航

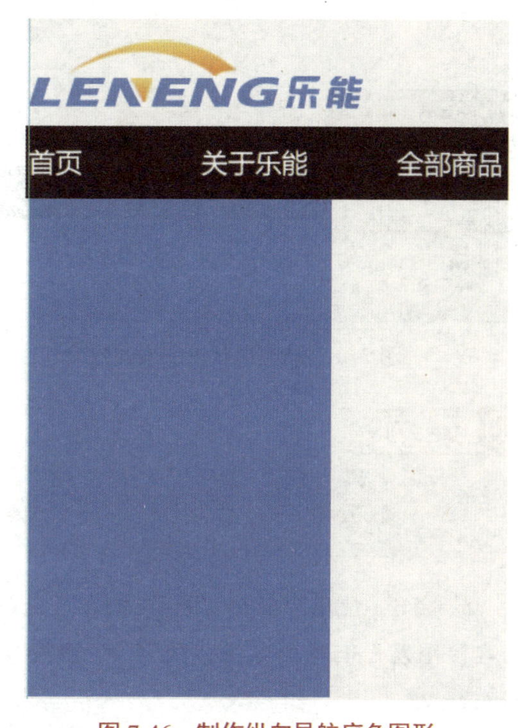

图 7-46　制作纵向导航底色图形

步骤 1　按【Ctrl+O】组合键打开 7.2 节制作的“网站首页 .psd”文件，在“图层”面板中删除“页首”“页尾”和“背景”图层以外的所有图层组，然后在菜单栏中执行“视图”>“清除参考线”命令，接着参考 7.2.1 节的“步骤 2”制作两条垂直参考线，限定版心范围。

步骤 2　使用“矩形工具”沿左侧参考线和导航栏底部绘制一个宽高为 248×412 像素的矩形，然后在“属性”面板中设置其填充颜色为 #2c8fec，描边为无，如图 7-46 所示。

步骤 3　按【Ctrl+Alt+Shift+N】组合键新建图层，选择“钢笔工具”，在工具属性栏中设置工具模式为“形状”，填充颜色为 #ebebeb，描边为无，然后在导航栏上方的 Logo 图像上描摹 Logo 中的曲线形状，接着按【Ctrl+T】组合键适当放大路径，并将其移至下方蓝色矩形上，按【Enter】键确定，如图 7-47 所示。

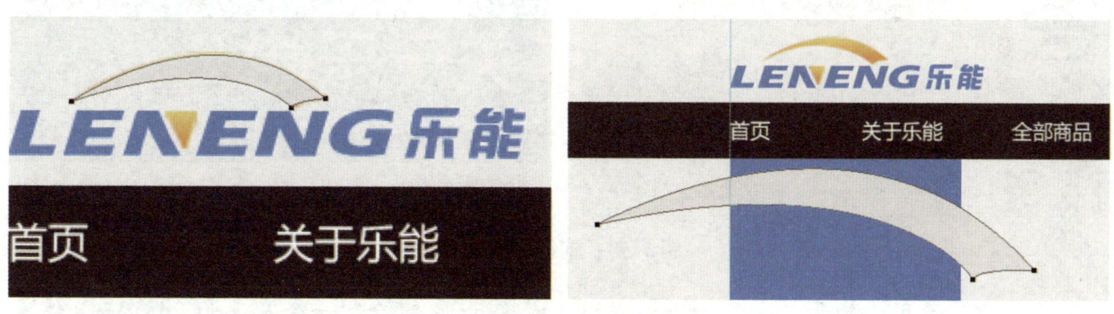

图 7-47　绘制图形并输入文字

步骤 4　按住【Alt】键，在“图层”面板中的“形状 1”和“矩形 8”图层间单击，将“形状 1”剪贴至“矩形 8”图层中，然后设置“形状 1”图层的“不透明度”为 30%，如图 7-48 所示。

步骤 5　按【Ctrl+Alt+Shift+N】组合键新建图层，使用“横排文字工具”在“形状 1”图像上输入“关于乐能”，按【Ctrl+Enter】组合键确定，然后在“字符”面板中设置参数，接着在“乐能科技”文字下方 10 像素处输入“GUANYULENENG”，确定后在“字符”面板中更改其字体大小为 12 点，如图 7-49 所示。

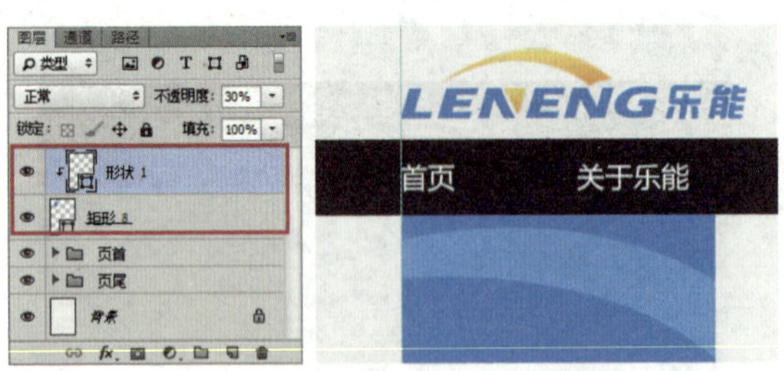

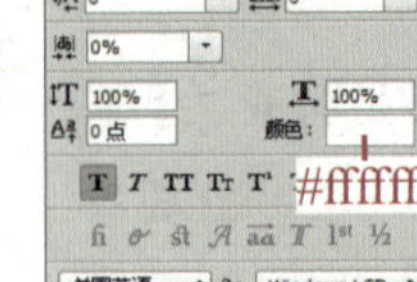

图 7-48 调整形状 1 图层属性

图 7-49 输入并设置文字参数

提 示

使用 Logo 中的元素作为网站的装饰元素能使网站更契合企业形象。

步骤 6 使用“矩形工具”在蓝色矩形上绘制一个宽高为 248×10 像素的矩形，然后在“图层”面板中双击“矩形 9”图层空白处，为其添加“渐变叠加”样式，如图 7-50 所示。

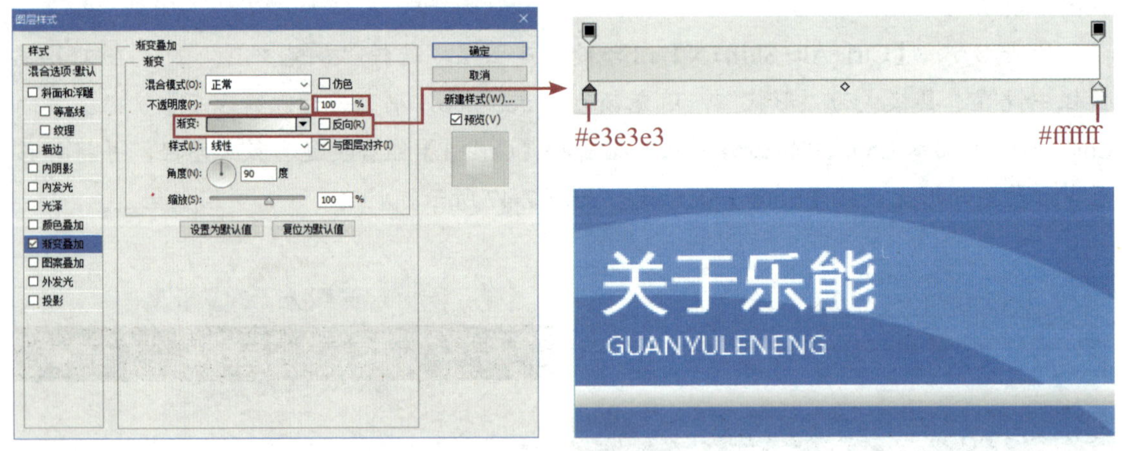

图 7-50 制作渐变矩形

步骤 7 使用“矩形工具”沿“矩形 9”图形底部绘制一个宽高为 248×318 像素的矩形，设置填充颜色为 #ffffff，描边为无，如图 7-51 所示。

步骤 8 按【Ctrl+Alt+Shift+N】组合键新建图层，使用“横排文字工具”在“矩形 10”图形上输入“公司简介”，按【Ctrl+Enter】组合键确定，然后在“字符”面板中设置参数，按此方法在其下方依次输入其他导航项。

使用“移动工具”调整文字位置，使“人才建设”文字距“公司简介”文字 170 像素，然后按住【Ctrl】键，在“图层”面板中选中纵向导航栏中的所有文字图层，在工具属性栏中单击“垂直居中分布”按钮，调整文字位置，如图 7-52 所示。

图 7-51　制作导航项底色图形

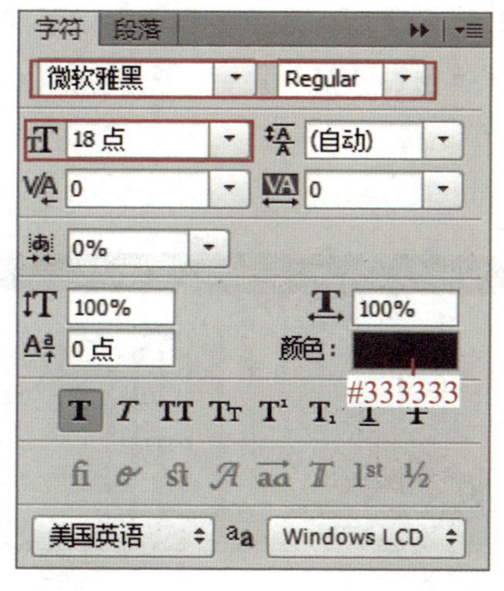

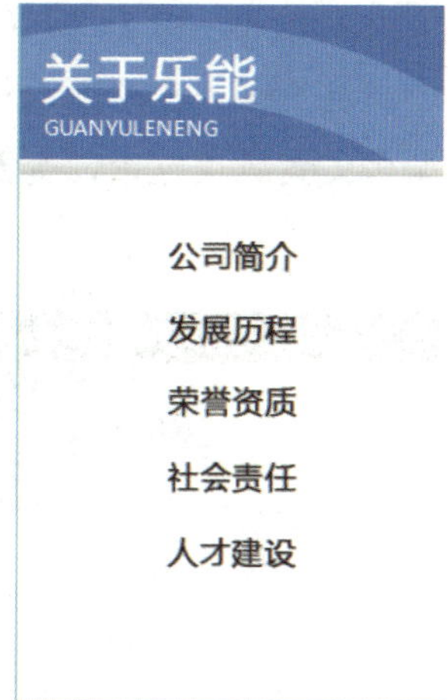

图 7-52　输入导航项文字

步骤 9　使用“矩形工具”在“公司简介”文字上绘制一个宽高为 206×40 像素的矩形，然后在“图层”面板中将“矩形 11”图层移至“公司简介”图层下方，设置其“不透明度”为 80%，接着按住【Alt】键，将“矩形 9”图层的样式拖到“矩形 11”图层，最后在“图层”面板中同时选中除“背景”“页首”和“页尾”图层外的所有图层，按【Ctrl+G】组合键编组，并更改组名为“纵向导航栏”，如图 7-53 所示。

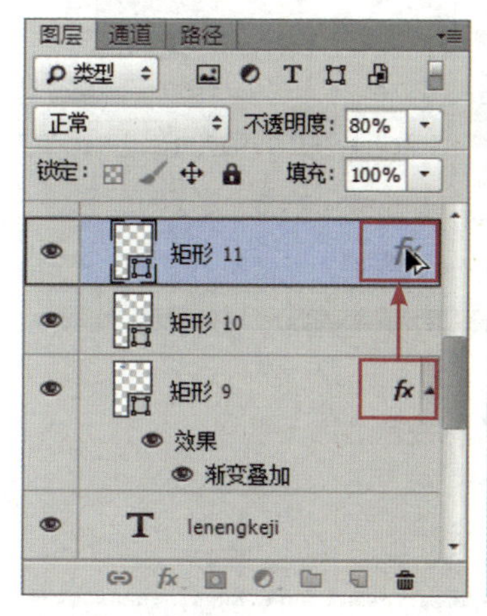

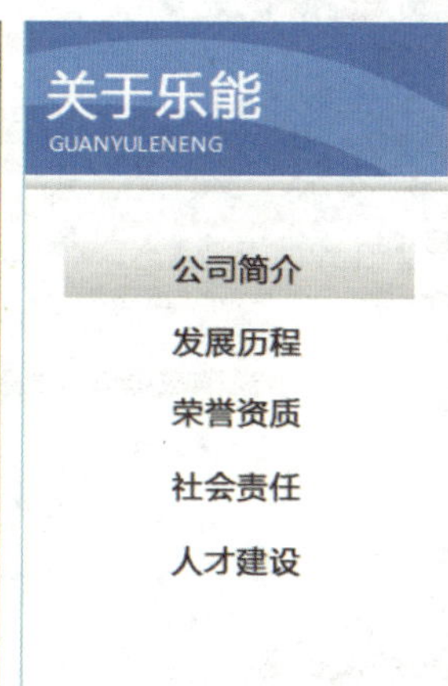

图 7-53　制作当前导航项提示形状

7.3.2　制作子页内容

本例要制作的子页文字内容较多，应根据级别合理设置文字的大小和颜色等参数。

视频讲解

步骤 1 按【Ctrl+O】组合键打开本章案例素材“公司简介 Banner.png”，使用“移动工具”将其贴近右侧参考线和导航栏底部，然后分别在垂直和水平标尺中拖出参考线，制作文案版块范围，如图 7-54 所示。

图 7-54 导入并调整素材位置

步骤 2 参考 7.3.1 节步骤 3 中的方法，使用“钢笔工具”绘制 Logo 中的三角形，并设置如图 7-55 所示的渐变颜色，然后使用“移动工具”将其移至“文案版块”中距左、上参考线各 20 像素处，接着使用“横排文字工具”在三角形右侧 10 像素处输入“乐能科技有限公司”，确定后在“字符”面板中设置参数，如图 7-55 所示。

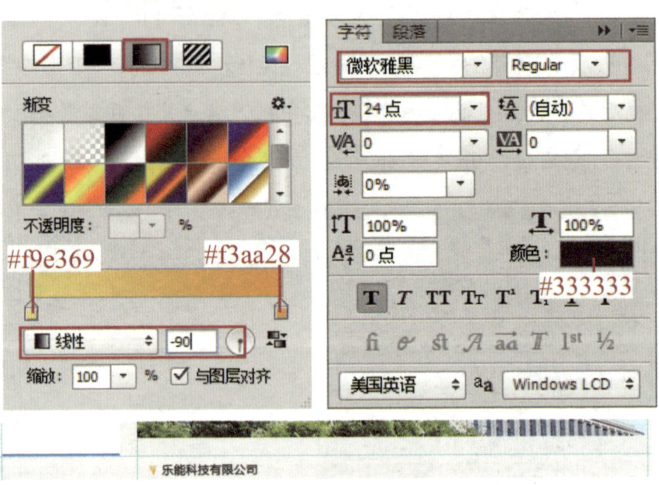

图 7-55 制作标题和装饰元素

步骤 3 选择“横排文字工具”在标题下方 30 像素处，沿左右两侧参考线绘制一个宽高为 1064×548 像素的文本区域，然后在该区域输入文案（可直接拷贝本书提供的文字素材），确定后在“字符”面板中设置字体为宋体，字体大小为 16 点，文本颜色为#333333，最后分别将第 2、3、4 和 5 段的段首文字加粗，如图 7-56 所示。

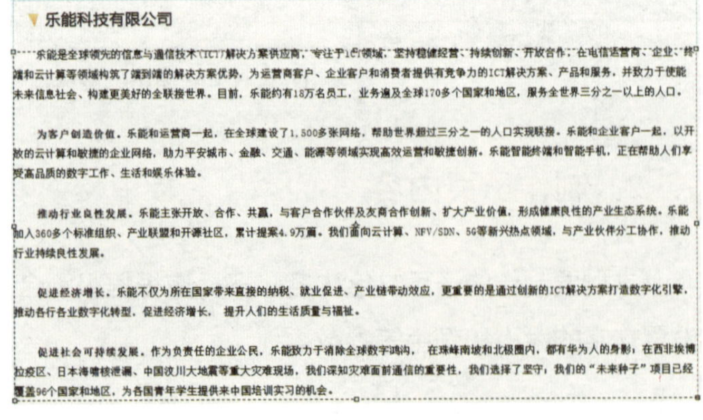

乐能科技有限公司

乐能是全球领先的信息与通信技术(ICT)解决方案供应商，专注于ICT领域，坚持稳健经营、持续创新、开放合作，在电信运营商、企业、终端和云计算等领域构筑了端到端的解决方案优势，为运营商客户、企业客户和消费者提供有竞争力的ICT解决方案、产品和服务，并致力于使能未来信息社会、构建更美好的全联接世界。目前，乐能约有18万名员工，业务遍及全球170多个国家和地区，服务全世界三分之一以上的人口。

为客户创造价值。乐能和运营商一起，在全球建设了1,500多张网络，帮助世界超过三分之一的人口实现联接。乐能和企业客户一起，以开放的云计算和敏捷的企业网络，助力平安城市、金融、交通、能源等领域实现高效运营和敏捷创新。乐能智能终端和智能手机，正在帮助人们享受高品质的数字工作、生活和娱乐体验。

推动行业良性发展。乐能主张开放、合作、共赢，与客户合作伙伴及友商合作创新、扩大产业价值，形成健康良性的产业生态系统。乐能加入360多个标准组织、产业联盟和开源社区，累计提案4.9万篇。我们面向云计算、NFV/SDN、5G等新兴热点领域，与产业伙伴分工协作，推动行业持续良性发展。

促进经济增长。乐能不仅为所在国家带来直接的纳税、就业促进、产业链带动效应，更重要的是通过创新的ICT解决方案打造数字化引擎，推动各行各业数字化转型，促进经济增长， 提升人们的生活质量与福祉。

促进社会可持续发展。作为负责任的企业公民，乐能致力于消除全球数字鸿沟， 在珠峰南坡和北极圈内，都有华为人的身影；在西非埃博拉疫区、日本海啸核泄漏、中国汶川大地震等重大灾难现场，我们深知灾难面前通信的重要性，我们选择了坚守；我们的“未来种子”项目已经覆盖96个国家和地区，为各国青年学生提供来中国培训实习的机会。

图 7-56 输入并设置字符参数

提示

本例中文案级别分为3级，分别是标题级别、首句级别和正文级别。根据正文内容，将段首使用文字加粗进行表现，以便于用户在浏览大量文字时能快速抓住重点。

步骤4　在“图层”面板中按住【Shift】键分别单击“乐能是……”和“图层1”图层，按【Ctrl+G】组合键编组，并更改组名为“主体内容”，然后选中“页尾”组，使用“移动工具”将“页尾”组图像上移至距正文下方48像素处，接着选择“裁剪工具”，拖动文档底部控制框至页尾底部，按【Enter】键确定，如图7-57所示。按【Ctrl+Shift+S】组合键将文档另存为“网站子页.psd”。

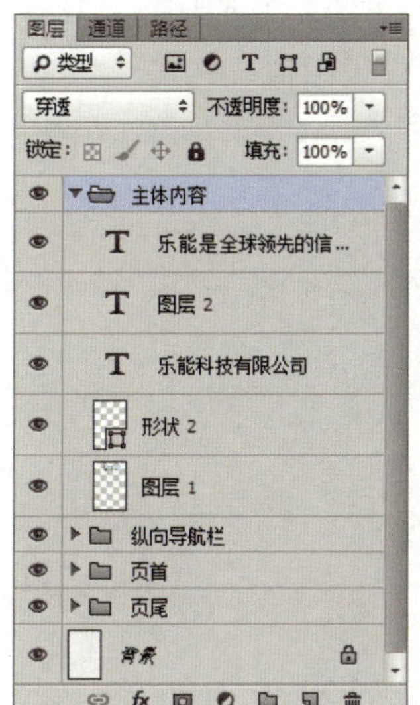

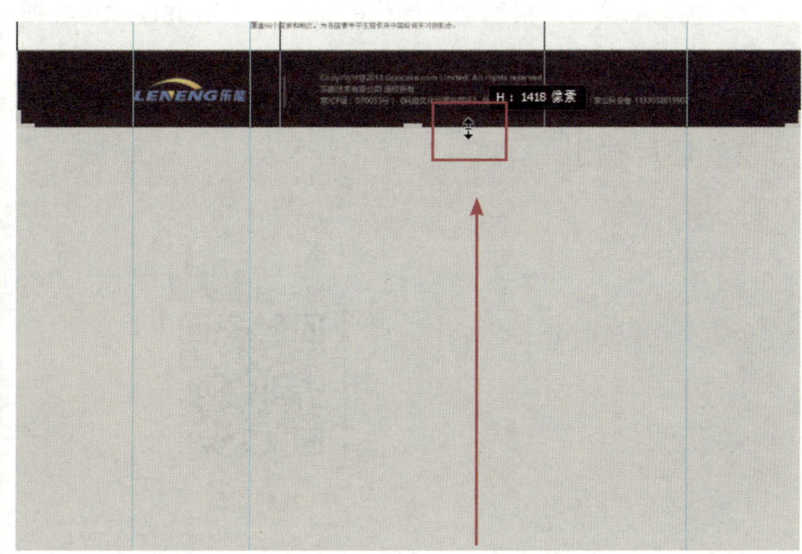

图7-57　整理图层并裁切画布

7.4 网页切片与输出

本节将通过对7.2节制作的“网站首页.psd”文件进行切片与输出，介绍网页切片与输出的一般方法。

7.4.1　切片概述

切片是指在网页制作过程中，利用切片工具将大尺寸网页效果图分割为一系列小图像，这些小图像称为原大尺寸图像的切片。根据图像特点可对这些切片进行优化处理，并批量输出，从而方便网站前端设计人员使用，以及在实际应用中有效提高网页下载速度。

网页美工设计师在对网页效果图进行切片时应注意以下几点：

◔ **选择切片对象：** 设计师需要对页面中的图片或 Logo 等无法通过代码实现的复杂图像进行切片处理，而页面背景或图像外的文字等均可通过代码实现，因此无需切片处理。

◔ **切片方法：** 根据页面结构和图像特点选择合适的方法对网页效果图进行切片。例如，当处理 Logo 或按钮等不规则图像时，应先隐藏其周围图层，然后再进行切片处理；当对产品展示页和一些功能较多的页面进行切片时，由于切片对象尺寸各异，因此可使用“切片工具”逐一框选切片对象制作切片。

◔ **优化和输出：** 根据切片图像的特点，采用 JPG、PNG 或 GIF 等格式对图像进行优化，然后根据用途输出为“HTML 和图像”“仅限 HTML”或“仅限图像”格式。

7.4.2 切片输出

视频讲解

步骤 1 按【Ctrl+O】组合键打开本章 7.2 节制作的“网站首页 .psd”文件。

提 示

本例需要切片的图像主要有 Logo、Banner、切换按钮和商品图片。其中 Banner 和商品图片适合输出为 JPG 或 PNG 格式，Logo 和切换按钮则适合输出为 PNG 格式。由于输出格式不同，且 Banner 和切换按钮处于叠加状态，因此应分两次对图像进行切片和输出处理。

步骤 2 制作 Banner 和商品图片切片。在“图层”面板中隐藏“背景”“导航栏”和遮挡商品图片的相关图层，如图 7-58 所示。

步骤 3 使用“切片工具”依次框选 Banner 图像、手机版块中的各商品图片和电脑 Banner 图片，然后选择“切片选择工具”，按住【Shift】键，分别单击手机版块中的切片和电脑 Banner 切片，接着按住【Alt+Shift】组合键，垂直下拖切片框至电脑版块图片处，释放鼠标复制切片框，再按此操作，制作配件版块切片，效果如图 7-59 所示。

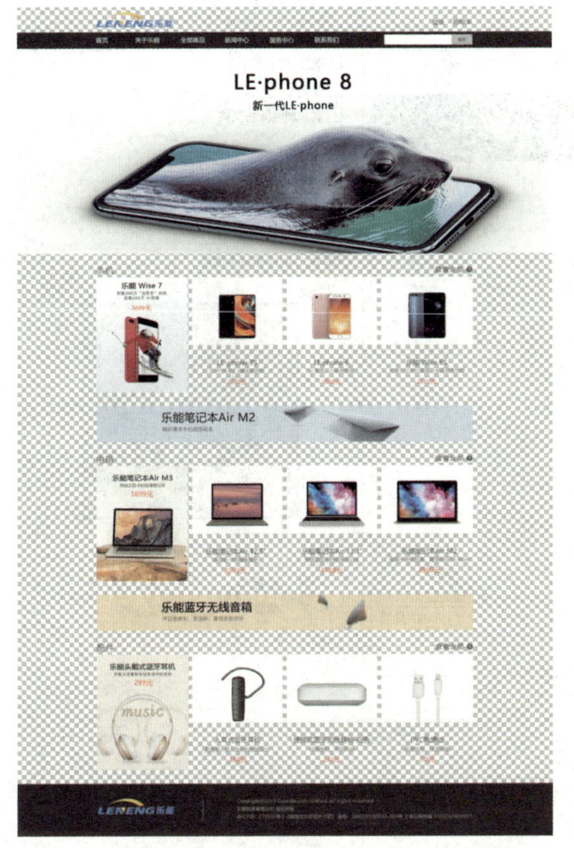

图 7-58　隐藏图层

图 7-59　制作 Logo 和商品图片切片

知识库

切片有两种形式，分别是用户切片和自动切片。左上角为蓝色标识的切片是用户切片，它是用户通过“切片工具”或“基于参考线创建切片”命令制作的；左上角为灰色标识的切片是自动切片，它是用户在制作切片时系统为填充文档区域自动生成的切片。用户可使用“切片选择工具”选中自动切片，通过单击工具属性栏中的“提升”按钮将其提升为用户切片，也可单击“隐藏自动切片”按钮隐藏所有自动切片。

步骤 4　按【Ctrl+Alt+Shift+S】组合键打开“存储为 Web 所用格式”对话框，在其中设置参数对图像进行优化处理，然后单击“存储”按钮，如图 7-60 所示。

图 7-60 设置 Banner 和商品图片的输出参数

知识库

在优化图像时，应注意下面两点：

在 JPEG 格式中，一般将“品质”参数设置为 80，这样能兼顾图像的清晰度和下载速度，但在某些网站限制上传尺寸时，可适当降低“品质”参数，以压缩图片。

当图像高度超过 8000 像素时，Photoshop 会自动对图像进行等比例缩放（用户可观察图 7-60 的“图像大小”设置区中的“百分比”参数，以此确定图像是否被缩放），此时设计师可将图像分两次进行切片输出处理。

步骤 5 在“将优化结果存储为”对话框中设置参数，然后单击“保存”按钮将图像保存，接着在弹出的对话框中勾选“不再显示”复选框，单击“确定”按钮，可将切片图像存储在一个名为“images”的文件夹中，如图 7-61 所示。

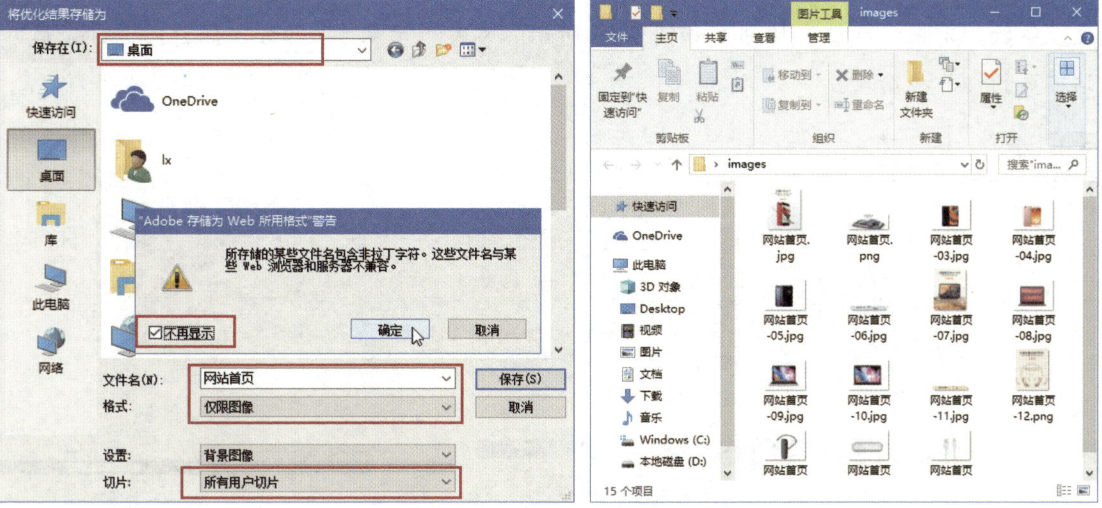

图 7-61　输出 Banner 和商品图像

知识库

在保存切片时，应注意以下两点：

在“格式”下拉列表中一般不会选择 HTML 格式，因为通过 Photoshop 直接输出的 HTML 文件会包含很多冗余代码，从而导致网页文件增大，因此通常选择“仅限图像”作为图像的存储格式。

在“切片”下拉列表中一般选择“所有用户切片”项，但当对某个切片的内容做了修改，需要单独导出时，可以返回“存储为 Web 所用格式”对话框，在预览窗口中选中该切片，然后单击“存储”按钮，接着在“切片”下拉列表中选择“选中的切片”选项。

步骤 6　制作 Logo 和切换按钮切片。返回 Photoshop 界面，执行“视图”>“清除切片”命令，然后隐藏“Banner”图层，显示“切换按钮”图层，接着使用“切片工具”依次框选 Logo 和两个切换按钮，如图 7-62 所示。

图 7-62　调整图层显隐并制作切片

步骤 7　按【Ctrl+Alt+Shift+S】组合键打开“存储为 Web 所用格式”对话框，在其中设置参数，单击“存储”按钮，如图 7-63 所示。参考“步骤 5”的方法保存图像，完成网站首页的切片和输入。

举一反三

制作乐能网站的“全部商品”子页，如图 7-64 所示。此页用于商品展示，其结构与首页相似，在制作时可打开首页源文件，删除多余图层，然后从上至下依次制作分类、商品展示和页码版块（相关素材位于本章配套素材“全部商品子页”文件中）。

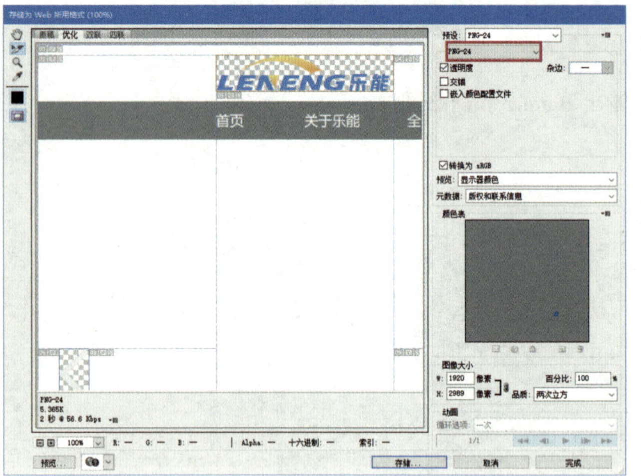

图 7-63　设置 Logo 和切换按钮的输出参数

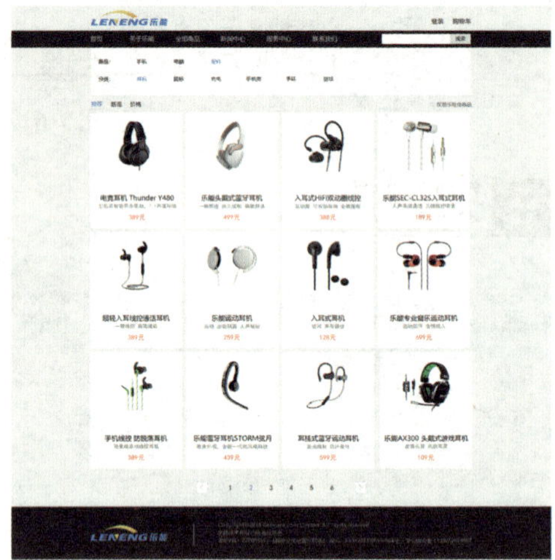

图 7-64　“全部商品”页面

第8章 佳诺店铺页面设计

情景模拟

初入电商行业的王先生是一家销售单反镜头滤镜器材的天猫商城店主，他很注重产品的质量，却很少在意店铺页面的美观度和用户的体验感，虽回头客好评不断，但由于页面不够抢眼，总是无法吸引更多消费者进店消费。为了网店的发展，王先生找到了小张所在的网页设计团队，希望他们帮助设计一套全新的店铺页面和商品详情图，来提升店铺形象，改善用户体验。

学习目标

掌握网店店铺首页的设计方法

掌握商品详情页的设计方法

8.1 店铺页面需求分析及规划

经与王先生深入沟通，小张针对店铺页面做了如下分析和规划。

8.1.1 需求分析

- **设计目标：** 提升店铺形象，改善用户体验，吸引更多摄影爱好者进店消费。
- **功能定位：** 为消费者提供摄影器材的在线购买、咨询和帮助服务。
- **整体风格：** 店铺的整体风格应结合简洁、时尚、科技感等特点进行设计。

8.1.2 页面规划

页面规划包括网页布局设计和网页颜色、字体设计，下面分别说明。

1. 网页布局设计

- **店铺首页布局设计：** 根据店铺的功能定位及整体风格，店铺首页的版块结构分为：横向导航栏、Banner、代金券、滤镜分类、推荐商品、商家信息和商品主图展示版块。设置网页宽度为 1920 像素，版心宽度为 1280 像素，版块间距为 50 像素。网页布局和最终效果如图 8-1 所示。

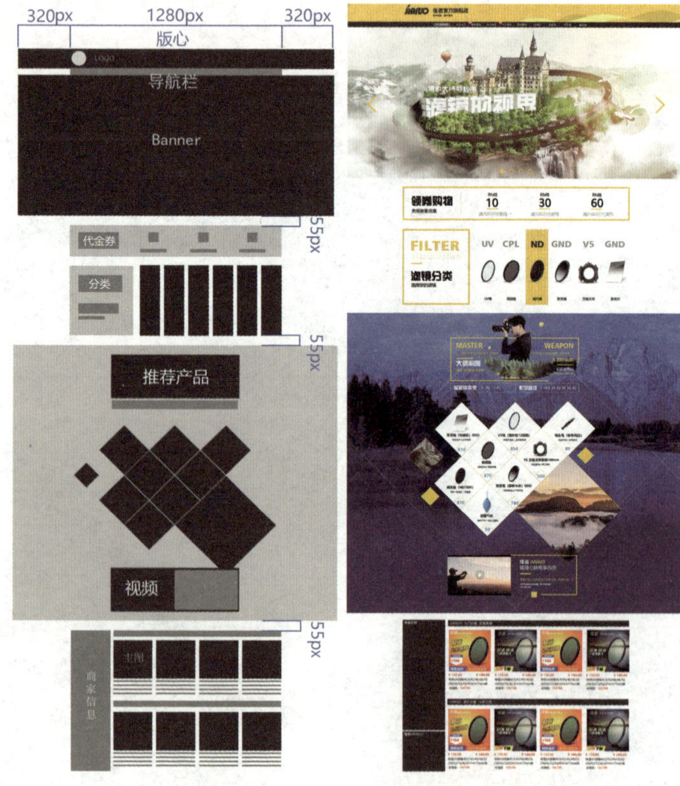

图 8-1　网店店铺首页布局和效果图

- **商品详情图布局设计：** 商品详情图根据店铺首页的风格进行延伸设计，宽度为 790 像素，采用黄黑相间的色块将商品基本信息、特色介绍和拍摄效果展示版块进行分割，使详情图结构清晰，节奏感十足，既美观大方，又能有效展示产品细节，如图 8-2 所示。

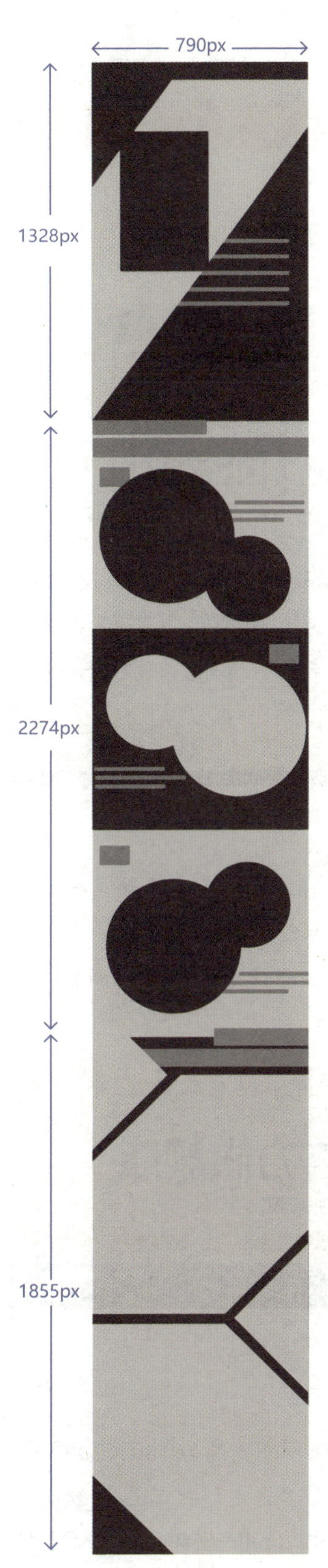

图 8-2　商品详情图

提示

店铺页面不同于企业网站的页面。店铺页面的框架是由商城规定的，店家只负责店铺页面的主体布局、图片和文字内容即可。另外，详情页的框架也由商城提供，因此店主只需提供相应的详情图即可。

2. 颜色与字体

页面中的标准色使用黑色、白色、蓝色和黄色。正文字体使用常规的微软雅黑字体，以便阅读；标题或需要强调的文字则使用笔画较粗的方正综艺和 Humnst 777 字体，在销售商品时能起到强调和提示效果，如图 8-3 所示。

颜色 COLOR

#313131	#ffffff	#204282	#ffd700
R (49) G (49) B (49)	R (255) G (255) B (255)	R (32) G (66) B (130)	R (225) G (215) B (0)

字体 FONT

微软雅黑	1 2 3 4 5 6 7 8 9 0 ABCDEFGHIJKLMNOPQRSTUVWXYZ
方正综艺	1 2 3 4 5 6 7 8 9 0 ABCDEFGHIJKLMNOPQRSTUVWXYZ
Humnst777	1 2 3 4 5 6 7 8 9 0 ABCDEFGHIJKLMNOPQRSTUVWXYZ

图 8-3　标准颜色与字体

8.2 店铺首页制作

8.2.1 制作页首

视频讲解

步骤 1 在 Photoshop 中新建图像文档，设置尺寸为 1920×4000 像素，分辨率为 72 像素 / 英寸，颜色模式为 RGB 颜色，文档名称为“店铺首页”。创建文档后，根据前面规划好的版心宽度分别设置垂直 320、960 和 1600 像素的参考线。

步骤 2 使用“矩形工具” 在页面顶部绘制一个宽高为 1920×155 像素，填充颜色为 #ffd700，无描边的矩形，再绘制一个宽高为 1920×30 像素，填充颜色为 #313131，无描边的矩形，然后使用“移动工具” 将 2 个矩形对齐，置于页面顶部，如图 8-4 所示。

图 8-4 绘制页首底色部分

步骤 3 按【Ctrl+O】组合键，打开本章案例素材“Logo.png”，将其移动至合适位置，然后选择“横排文字工具” T，在“字符”面板中设置参数，如图 8-5（a）所示，在 Logo 右侧输入店名“佳诺官方旗舰店”，按【Ctrl+Enter】组合键确定，然后调整字体大小为 12 点，在店名下方输入广告语，效果如图 8-5（b）所示。

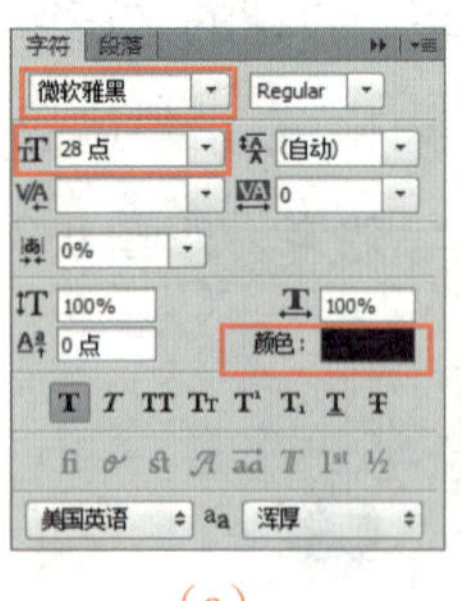

（a）

（b）

图 8-5 制作页首店铺名称

步骤 4 制作关注本店按钮。使用“圆角矩形工具” 绘制一个宽高为 100×20 像素，圆角半径为 9.5，填充颜色为 #626262，无描边的圆角矩形；使用“自定形状工具” ，绘制一个填充颜色为 #0dbef3，无描边的心形，将其置于圆角矩形中；使用“横排文字工具” T

在心形右侧输入“关注本店”文字，设置字体为微软雅黑，字体颜色为白色，字体大小为12点，效果如图8-6所示。

步骤5　使用“横排文字工具”T，在“关注本店”按钮右侧输入导航菜单项，设置字体为黑体、字号为14，不加粗，然后使用“直线工具”绘制导航项的分隔线，再使用“移动工具”，分别将分隔线和导航项水平居中分布，效果如图8-7所示。

图8-6　制作“关注本店”按钮

图8-7　制作导航项

步骤6　使用“矩形工具”、“直接选择工具”和“横排文字工具”T，制作如图8-8（a）所示的标签图像，将其复制并使用“移动工具”分别移动到“云台套装”和“摄影套装”的菜单项左上方，效果如图8-8（b）所示。

步骤7　使用“钢笔工具”绘制波浪形状，并填充颜色为#ffd700，如图8-9（a）所示；将该形状复制2次，并分别更改填充颜色为#fff66d和#e9c500；使用“移动工具”将3个波浪形状层叠排列，效果如图8-9（b）所示。

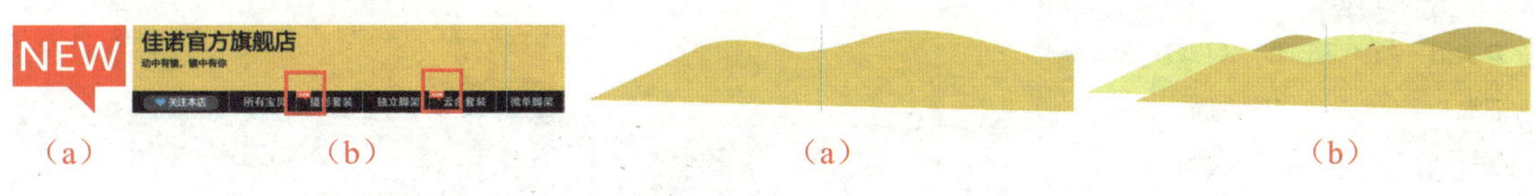

（a）　（b）　（a）　（b）

图8-8　绘制新品标识

图8-9　绘制波浪形状

步骤8　在“图层”面板中将3个波浪形状图层分别剪贴至“矩形1”图层，效果如图8-10所示。

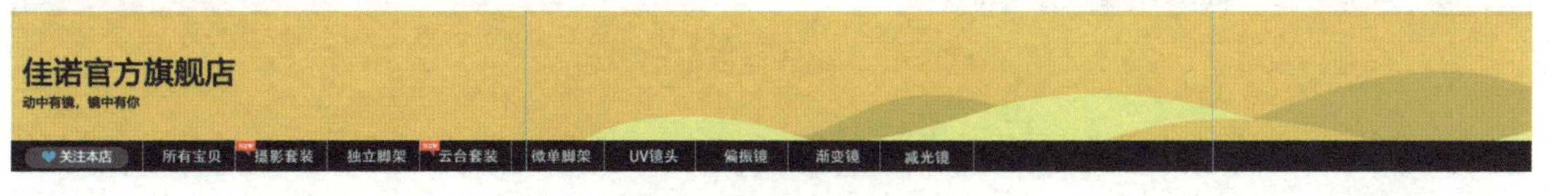

图8-10　绘制装饰图

8.2.2　制作Banner

本案例中的Banner描绘了一个空岛上的滤镜世界，目的是通过超现实的图像激发浏览者好奇心，从而使其产生购买欲望。下面讲解该Banner的制作过程。

视频讲解

步骤1　在Photoshop中新建图像文档，设置尺寸为1920×900像素，分辨率为72像素/英寸，颜色模式为RGB，文档名为“首页Banner”。

步骤 2　按【Ctrl+O】组合键，打开本章案例素材“背景.jpg”“城堡.png”；将素材移至“首页 Banner”文档中，然后更改图层名称为素材原始名称；使用“钢笔工具”绘制空岛底座形状，如图 8-11（a）所示；按【Ctrl+Enter】组合键将路径转换为选区，然后为“城堡”图层添加图层蒙版，效果如图 8-11（b）和 8-11（c）所示。

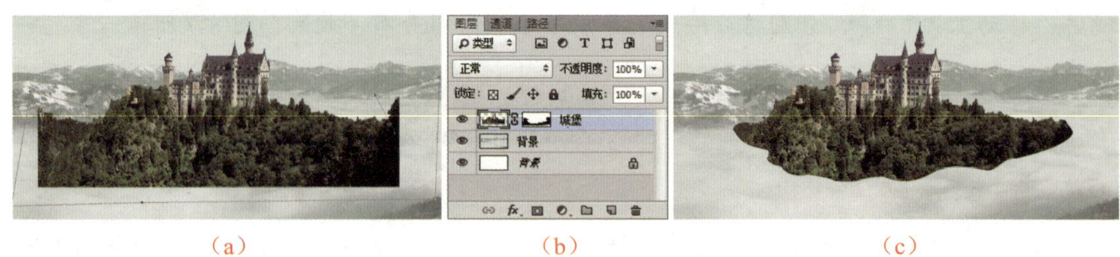

（a）　　（b）　　（c）

图 8-11　绘制空岛底座形状

步骤 3　按【Ctrl+J】组合键复制图层，然后按住【Ctrl】键单击“城堡”图层的缩览图制作选区，将选区填充为黑色；按【Ctrl+D】组合键取消选区，然后使用“移动工具”将“城堡”图层向下垂直移动 40 像素，如图 8-12 所示。

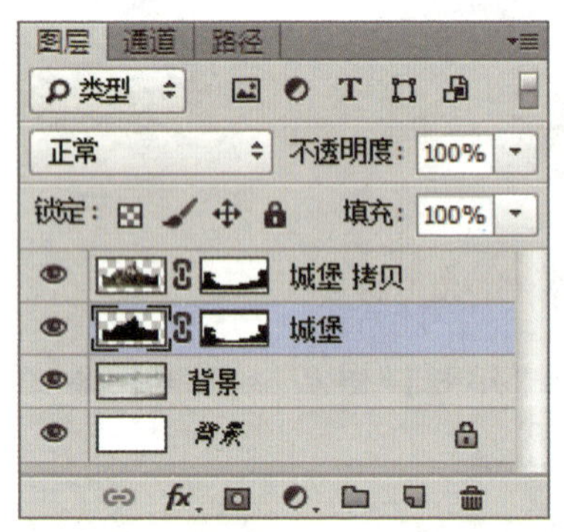

图 8-12　制作空岛截面主体

步骤 4　选择“城堡”图层的蒙版，然后使用“矩形选框工具”分别在截面的左端和右端绘制选区，并为选区填充白色，制作空岛截面，如图 8-13 所示。按【Ctrl+D】组合键取消选区。

图 8-13　绘制界面两端

步骤 5　按【Ctrl+O】组合键打开本章案例素材“岩层切面.png”。将深色岩层图像移动至截面左侧，并将该图层剪贴至“城堡”图层上，效果如图 8-14（b）所示；按此方法复制多次岩层切面，将截面铺满，效果如图 8-14（c）所示。

（a）

（b）

（c）

图 8-14　填充截面

提示

由 8-14（a）中的城堡图像可知，光源来自图像右侧，因此在填充截面图像时，应根据底座形状的转折，区分明暗面。此外，可为各岩层切面图层添加蒙版并使用“画笔工具” 编辑蒙版，以使各切面之间过渡自然。

步骤 6　选择“城堡”图层，为其添加“投影”样式，如图 8-15 所示。选择除“背景”图层以外的所有图层，按【Ctrl+G】组合键编组，命名为“空岛”。

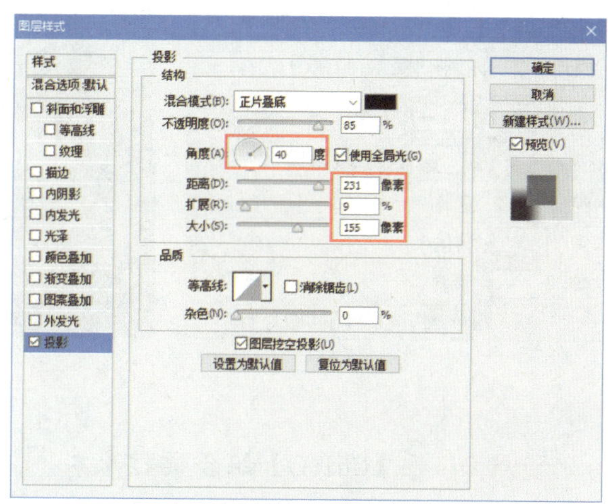

图 8-15　为空岛添加投影

步骤 7　按【Ctrl+O】组合键打开本章案例素材“石像 .png”，将其移动至“首页 Banner”文档中城堡图像右侧，更改图层名称为“石像”；使用“快速选择工具” 选中石像下方的树林部分，然后为“石像”图层添加图层蒙版，再按【Ctrl+I】组合键将蒙版反向，遮挡石像底部图像，如图 8-16 所示。

图 8-16　添加并处理石像素材

步骤 8　复制“空岛”图层组中的“图层 1”图层，移至“石像”图层下方，将复制后的图像移动至石像处，添加图层蒙版并编辑，遮挡石像的多余部分，如图 8-17 所示，然后选中“石像”和“图层 1 拷贝 7”图层，按【Ctrl+G】组合键编组，并命名为“石像”。

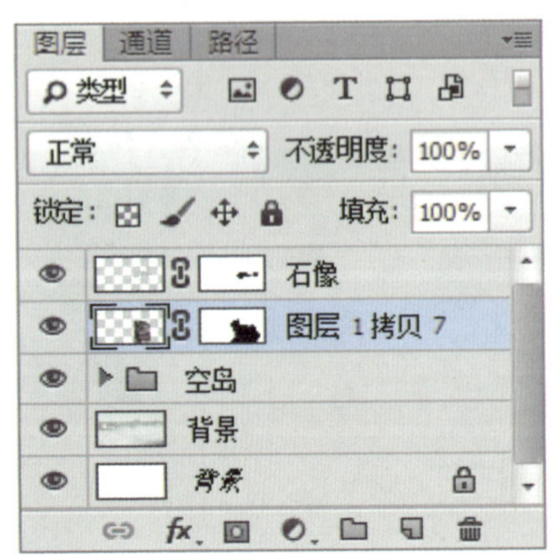

图 8-17　显示树林图像

步骤 9　按【Ctrl+O】组合键打开本章案例素材“立体文字 .png”，将其移动至“首页 Banner”文档中城堡图像左侧，更改图层名称为“立体字”，然后选择“快速选择工具” ，设置画笔大小为 5 像素，选中“摄影大师的秘密”下方部分文字和树林区域，最后为该图层添加图层蒙版，按【Ctrl+I】组合键将蒙版反向，遮挡文字底部，如图 8-18 所示。

图 8-18　添加并处理立体文字素材

提 示

使用“快速选择工具”选择上述区域时，可先选取一个大致的范围，然后按住【Alt】键在多选的区域上单击或拖动，减去多选的区域。

步骤 10　使用“快速选择工具”选中“滤镜的世界”文字下方的树林部分，然后在“图层”面板中展开“空岛”组，选择“城堡拷贝”图层，按【Ctrl+J】组合键复制选区中的图像，再使用“移动工具”将“图层 4”移动至“立体字”图层上方，如图 8-19 所示。选中“图层 4”和“立体字”图层，按【Ctrl+G】组合键编组，并命名为“立体字”。

图 8-19　处理立体文字素材

步骤 11　按【Ctrl+O】组合键打开本章案例素材“瀑布.jpg”，将其移动至“首页 Banner”文档中城堡图像下方，添加图层蒙版，并使用“画笔工具”涂抹瀑布图像中的树林部分，保留瀑布图像，如图 8-20 所示。

图 8-20　添加并处理瀑布图像

步骤 12　按【Ctrl+O】组合键打开本章案例素材“滤镜.png”，将其移动至“首页 Banner”文档中合适位置，添加图层蒙版，并使用“画笔工具”涂抹遮盖城堡图像的部分，使滤镜与城堡形成穿插关系，如图 8-21 所示。

图 8-21　添加并处理滤镜图像

步骤 13　新建图层并命名为“投影”，选择“画笔工具”，调整前景色为黑色，画笔大小为 50，画笔形状为柔边圆，在森林、石像、瀑布图像上绘制滤镜投影，然后调整图层“不透明度”为 60，使投影更加柔和，如图 8-22 所示。

图 8-22　绘制滤镜投影

步骤 14　按【Ctrl+O】组合键打开本章案例素材“鸟.png”“热气球.png”“云.psd”，将鸟和热气球素材移动至“首页 Banner”文档中合适位置，再从“云.psd”文档中选择合适形状的云朵若干，使用“移动工具”分别移动至空岛周围，效果如图 8-23 所示。

图 8-23　添加装饰素材

步骤 15　按【Ctrl+O】组合键打开本章案例素材“光效.png”，将其移至“首页 Banner”文档中，调整混合模式为“滤色”，然后为该图层添加蒙版，使用“画笔工具”遮盖立体字图像处的光照效果，如图 8-24（b）所示。

（a）

（b）

图 8-24　添加光照效果

步骤 16　按【Alt+Ctrl+Shift+E】组合键盖印图像，使用“Camera Raw 滤镜”处理图像，参数如图 8-25（a）所示，然后单击“确定”按钮，效果如图 8-25（b）所示。

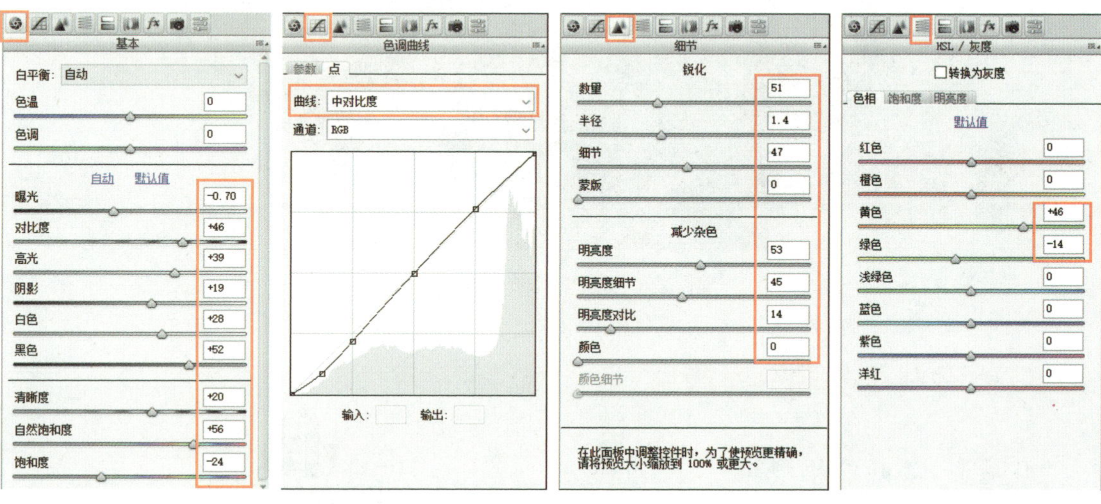

（a）

（b）

图 8-25　调整图像

步骤 17　使用“移动工具”将调整好的 Banner 图像移动至“店铺首页”文档中合适位置，再使用“矩形工具”和“椭圆工具”制作切换 Banner 图标，效果如图 8-26 所示。

图 8-26　制作 Banner 切换图标

8.2.3　制作代金券和分类版块

步骤 1　选择“矩形工具”，设置填充为无，描边颜色为 ffd700，描边宽度为 10 点，在 Banner 下方 50 像素处绘制一个 1280×190 像素的矩形框，然后选择“横排文字工具”，设置字体为方正综艺，文字大小为 60 点，在框内输入“领券购物”文字，按【Ctrl+Enter】组合键确定，再调整字体为微软雅黑，文字大小为 24，在下方输入“先领券更优惠”文字，最后将文字图层左对齐，效果如图 8-27 所示。

视频讲解

图 8-27　绘制边框和编辑文字

步骤 2　使用“直线工具”绘制垂直线段，将黄色矩形边框分为两部分，再选择“横排文字工具”，设置字体为微软雅黑，文字大小为 24，在直线右侧输入“RMB”文字，按【Ctrl+Enter】组合键确定，然后调整文字样式为加粗，大小为 60，在其下方输入“10”，效果如图 8-28 所示。

步骤 3　使用“直线工具”在数字 10 的下方绘制横线，设置描边宽度为 10 点，再选择“横排文字工具”，设置文字大小为 24，颜色为 #959595，在横线下方输入“满 300 元可用”文字，然后使用“移动工具”将 10 元代金券的相关图层居中对齐。按照此方法制作其他金额的代金券，效果如图 8-29 所示。

图 8-28　制作代金券（一） 　　图 8-29　制作代金券（二）

步骤 4　使用“矩形工具”，设置填充为无，描边颜色为 ffd700，描边宽度为 10 点，在购物券版块下方 50 像素处绘制一个 380×430 像素的黄色矩形框，然后使用“横排文字工具”输入文案，中文字体参数可参考步骤 1，英文字体为 Humnst 777；最后绘制装饰框和装饰线，效果如图 8-30 所示。

步骤 5　按【Ctrl+O】组合键打开本章案例素材“UV 镜 .png”“偏振镜 .png”“减光镜 .png”“渐变镜 .png”“方镜支架 .png”“渐变灰 .png”，使用“移动工具”将素材移动至“店铺首页”文档中合适位置，并更改图层名称为素材原始名称，然后将各滤镜图像水平居中分布，效果如图 8-31 所示。

图 8-30　制作滤镜分类版块　　图 8-31　导入滤镜素材

步骤 6　选择“横排文字工具”，设置字体为微软雅黑，字体大小为 18 点，颜色为黑色，在滤镜下方输入滤镜名称，然后设置字体为 Humnst 777，字体大小为 50 点，颜色为 #959595，分别在各滤镜图像的上方输入滤镜型号，其中“ND”文字的颜色更改为 #313131，效果如图 8-32 所示。

步骤 7　选择“矩形工具”，绘制一个大小为 130×430 像素，填充色为黄色，描边为无的矩形，放置在 ND 滤镜图像的上方，再使用“直线工具”在滤镜图像上方和下方分别绘制 2 条白色直线作为装饰，然后选中直线和黄色矩形图层，将其置于图像与文字图层下方，效果如图 8-33 所示。

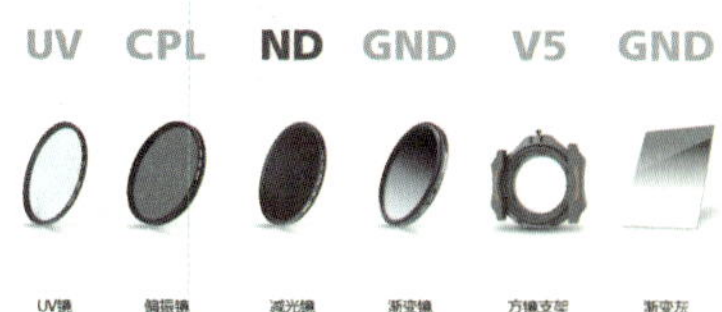

图 8-32　输入滤镜名称

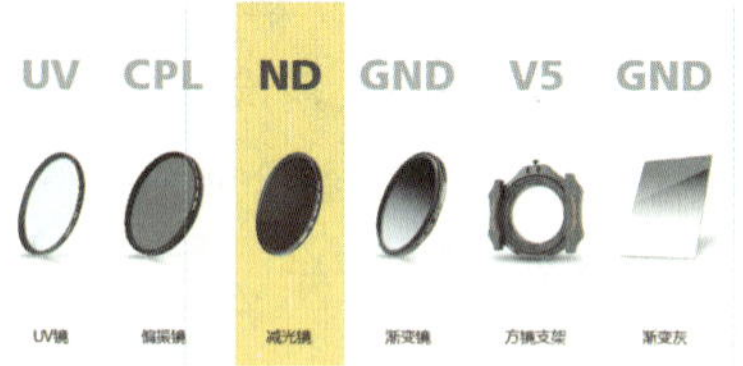

图 8-33　制作鼠标滑过状态下的分类选项

8.2.4　制作产品推荐版块

视频讲解

步骤 1　按【Ctrl+O】组合键打开本章案例素材“蓝色背景.jpg”，分别设置垂直 320、960 和 1600 像素的参考线，然后使用“直线工具” ，利用辅助线绘制 4 条交叉直线，效果如图 8-34 所示。

提示

产品推荐版块包括标题、产品展示和视频展示 3 个小版块，在背景图像上绘制规则的直线，并将内容安排在由直线组成的区域内，能够加强版块间的关联性。

图 8-34　导入并处理背景图像

步骤 2　使用“矩形工具” 绘制一个 730×250 像素，填充为无，描边宽度为 10 点的黄色矩形边框，然后使用“横排文字工具” 在框内输入文案（中文字体方正综艺，英文字体为 Humnst 777，字体大小分别是 35、26、17），并使文案两端对齐，最后绘制装饰框和装饰线，效果如图 8-35 所示。

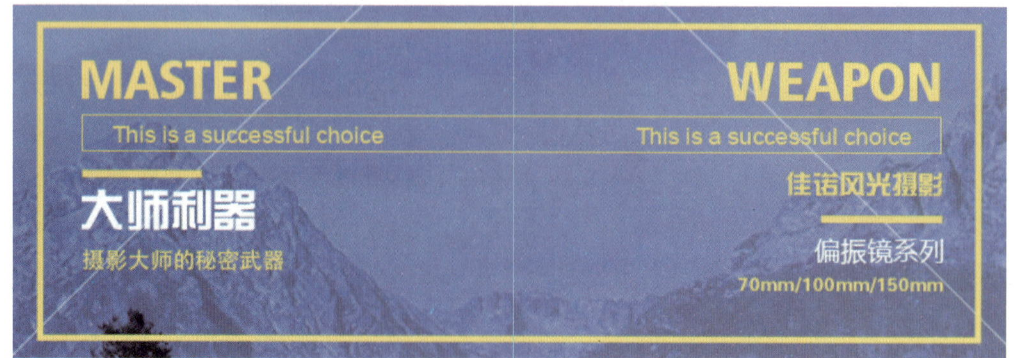

图 8-35　制作标题文字部分

步骤3 按【Ctrl+O】组合键打开本章案例素材“人物.png”，使用“移动工具”将素材移动至“店铺首页”文档中合适位置，并将该图层移动到文字和边框图层下方，如图 8-36（a）所示。为突出层次，为“矩形 1”图层添加图层蒙版，通过编辑图层蒙版隐藏人物和山峰处的黄色边框，做出叠加效果，如图 8-36（b）所示。

（a）

（b）

图 8-36 导入并处理“人物”素材

步骤4 使用“矩形工具”绘制一个 730×50 像素，描边颜色为白色，描边宽度为 1 的矩形边框，然后使用“横排文字工具”T在框内输入文案，效果如图 8-37 所示。

步骤5 使用“矩形工具”绘制一个 220×220 像素，填充颜色为白色，描边颜色为 #ffd700，描边宽度为 1 的正方形，再绘制一个 55×55 像素的小正方形，置于大正方形的右下角，如图 8-38（a）所示，复制并组合正方形图形，然后绘制 4 个大小不一的正方形作为装饰图形，效果 8-38（b）所示。

图 8-37 制作参数版块

（a）

（b）

图 8-38 绘制正方形边框

步骤6 在“图层”面板中选中所有正方形图形，然后按【Ctrl+T】组合键执行“自由变换”命令，将图形顺时针旋转 45°，再根据辅助线将正方形图形置于画面中间，效果如图 8-39 所示。

步骤7 按【Ctrl+O】组合键打开本章案例素材“风景 01.jpg”“风景 02.jpg”，使用“移动工具”将其移动至“蓝色背景”文档中，并更改图层名称为素材原始名称，然后将“风景 01”和“风景 02”图层分别剪贴于装饰形状图层，效果如图 8-40 所示。

图 8-39　调整正方形图形的角度

图 8-40　导入并处理部分素材

步骤 8　按【Ctrl+O】组合键打开本章案例素材“清理气吹 .png”“镜头笔 .png”“渐变灰 .png”“uv 镜 .png”“偏振镜 .png”“f 方镜支架 .png”“减光镜 .png”“渐变镜 .png”，使用“移动工具”将产品图像分别放置到倾斜的正方形边框中，然后使用“横排文字工具”在框内输入文案，并设置数字文案的字体为方正综艺，字体大小为 26，其他文案的字体为微软雅黑，字号分别为 18 和 12，效果如图 8-41 所示。

图 8-41　排列推荐产品图像

步骤 9　按【Ctrl+O】组合键打开本章案例素材“视频 .png”，使用“移动工具”将其移动至推荐商品版块的下方，然后使用“矩形工具”绘制一个尺寸为 360×230 像素，描边宽度为 10 点的黄色矩形边框，为其添加图层蒙版，并编辑蒙版以覆盖矩形边框左下角部分，如图 8-42 所示。

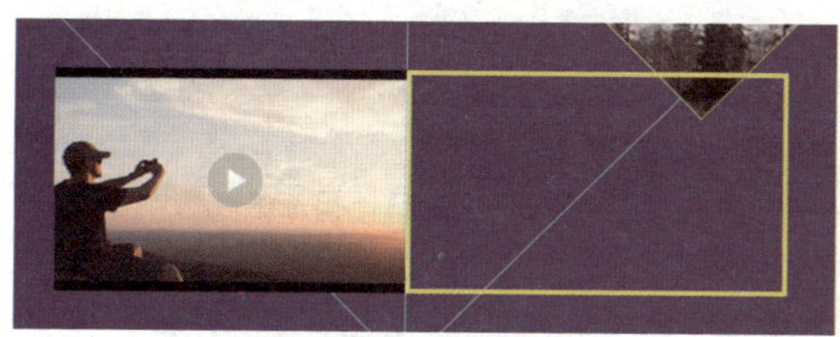

图 8-42　制作视频版块

步骤 10　使用“横排文字工具” T 在框内输入文案（除店铺名称为方正综艺体外，其他字体均为微软雅黑，字号分别为 26、15 和 9），然后使用“矩形工具” 和“直线工具” 绘制形状，添加装饰图形，如图 8-43 所示。

图 8-43　添加文案和装饰图形

步骤 11　按【Alt+Ctrl+Shift+E】组合键盖印图像，并使用“移动工具” 将盖印图像移至“店铺首页”文档中滤镜分类版块的下方 50 像素处，如图 8-44 所示。

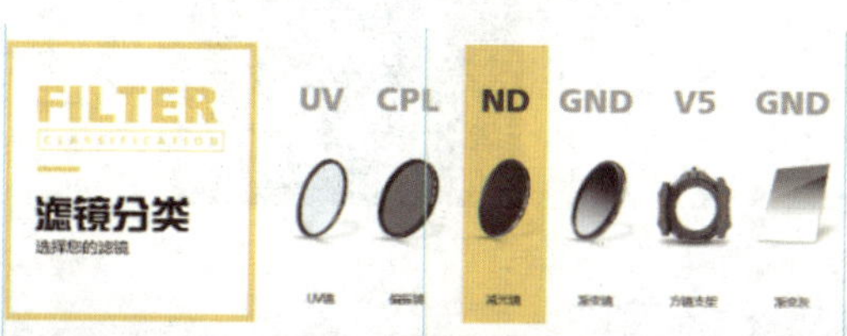

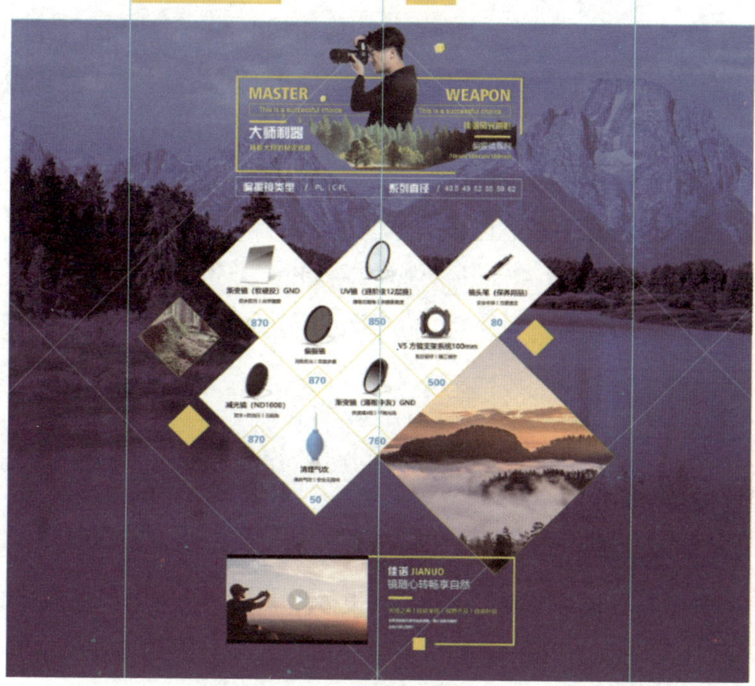

图 8-44　盖印并移动图像

8.2.5 制作商品主图

视频讲解

商品主图展示框架由天猫商城提供，因此卖家只需要提供主图和相关文字即可。下面讲解滤镜主图的制作过程。

步骤 1 按【Ctrl+O】组合键打开本章案例素材“主图背景 .png”“滤镜 .png”，使用“移动工具”将滤镜图像移至“主图背景”文档中岩石图像上，然后更改图层名称为素材原始名称，效果如图 8-45 所示。

步骤 2 选择“魔棒工具”，单击镜片区域，制作镜片选区，然后为“滤镜”图层添加图层蒙版，按【Ctrl+I】组合键将蒙版反向，再利用“属性”面板调整蒙版“浓度”为 60%，“羽化”为 8.5，降低镜片的不透明度，效果如图 8-46 所示。

图 8-45 打开并组合素材图像

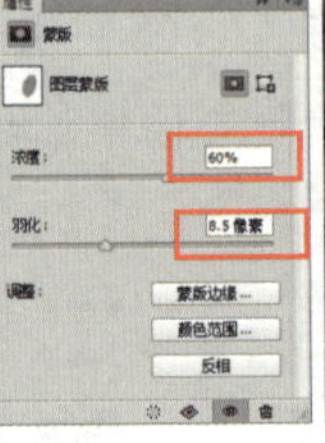

图 8-46 调整镜片的不透明度

步骤 3 在“滤镜”图层下方新建一个图层，使用“矩形选框工具”在滤镜图像左侧绘制 395×180 像素的矩形选区，并填充 #1b1b1b 颜色，然后使用“多边形套索工具”在背景图像左下角绘制梯形选区，并填充由 #ffd600 颜色到白色的径向渐变，效果如图 8-47 所示。

步骤 4 使用“横排文字工具”在画面左侧分别输入广告语。其中，“佳诺”“十万”“超薄……”“立即……”文字的字体为方正综艺体，其他文字的字体为微软雅黑；字体大小最大为 75，最小为 30；除“影像……”文字外的文字都为倾斜，效果如图 8-48 所示。

提 示

在处理广告文案时，通过改变关键字、词的颜色，以及放大文字的方法可有效突出重点内容，上述文字中黄色参数为 #ffd600，红色参数为 #dc0000。

步骤 5 在“调整”面板中选择“曲线”工具，然后在“属性”面板中调整曲线参数，将画面提亮，再按【Alt+Ctrl+Shift+E】组合键将图像盖印，如图 8-49 所示。

图 8-47　制作文案底色图形

图 8-48　输入文案

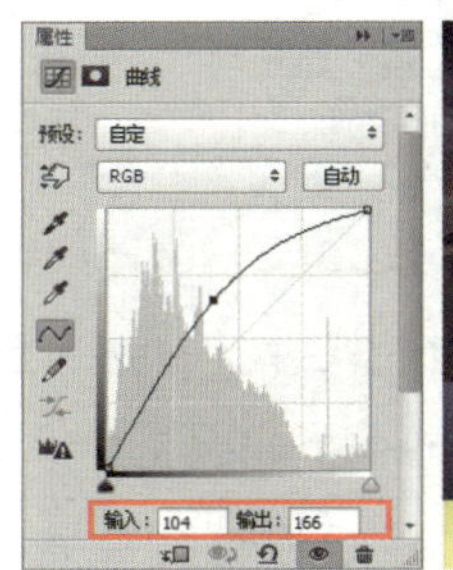

图 8-49　调整画面亮度

步骤 6　按【Ctrl+O】组合键打开本章案例素材“主图展示.png”，使用“移动工具”将其移动至“店铺首页”文档中合适位置，再将盖印后的主图移动至灰色矩形位置，效果如图 8-50 所示。店铺首页最终效果图见 8-1 所示。

图 8-50　制作主图展示版块

8.3　商品详情图制作

商品详情图是对商品的详细介绍，它能帮助消费者了解商品基本信息、特色和应用效果等，激发消费者的购买欲望。

视频讲解

8.3.1　制作商品基本信息版块

步骤 1　在 Photoshop 中新建图像文档，命名为“详情图”，设置文档尺寸为 790×5460 像素，分辨率为 72 像素 / 英寸，颜色模式为 RGB 颜色。

步骤 2　根据前面介绍的页面布局，执行“视图”>“新建参考线”命令，分别在1328和3602处创建水平参考线，将画面分为3个版块，分别对应基本信息版块、商品卖点介绍版块和拍摄效果展示版块，然后设置前景色为#ffd600，按【Alt+Delete】组合键将背景填充为黄色。

步骤 3　使用“矩形工具”和“直线工具”绘制形状如图8-51（a）所示的矩形和线条。其中，大矩形的尺寸为496×1492像素，填充颜色为#272121，无描边；大矩形上两个小矩形的尺寸分别为44×350像素和44×690像素，填充颜色为#383232，无描边（可先绘制一个矩形，然后通过拷贝并缩放得到另一个矩形）；白色两个矩形的尺寸分别为42×506像素和42×346像素；左右线条的粗细分别为1像素和3像素，填充颜色分别为#b19a13和#fcdc0b。

步骤 4　在“图层”面板中按住【Shift】键选中所有形状图层，按【Ctrl+G】组合键编组，并更改组名为“底图”，效果如图8-51（b）所示，然后按【Ctrl+T】组合键执行自由变换命令，在工具属性栏中将旋转角度设置为36，再移动图形位置，使其底端与参考线对齐，如图8-51（c）所示，最后按【Enter】键确定。

（a）

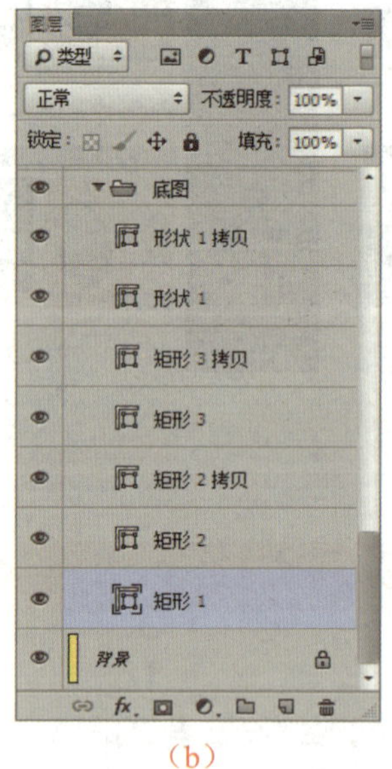

（b）

（c）

图 8-51　绘制商品展示版块底图

提示

单一的商品介绍会给人乏味的感觉，适当添加背景图形，可以丰富页面，使详情图更具动感，增加吸引力。

步骤 5　为“底图”组添加图层蒙版，然后使用“多边形套索工具”[工具图标]在画面顶部的黑色底图处制作选区，再按【Alt+Delete】组合键填充黑色，覆盖选区内容，如图 8-52 所示。

图 8-52　添加并编辑图层蒙版

步骤 6　按【Ctrl+O】组合键打开本章案例素材“渐变方镜 .png”“盒装滤镜 .png”和“logo.png”，将素材分别移至“详情图”文档中合适位置，更改图层名称为素材原始名称，效果如图 8-53 所示。

步骤 7　选择“横排文字工具”[T]，设置字体为方正综艺简体，字体大小为 70 点，颜色为黑色，在页面顶部输入标题文字，然后为文字图层添加“描边”样式；更改字体为微软雅黑，字体大小为 18 点，颜色为白色，在标题下方输入介绍文字，如图 8-54 所示。

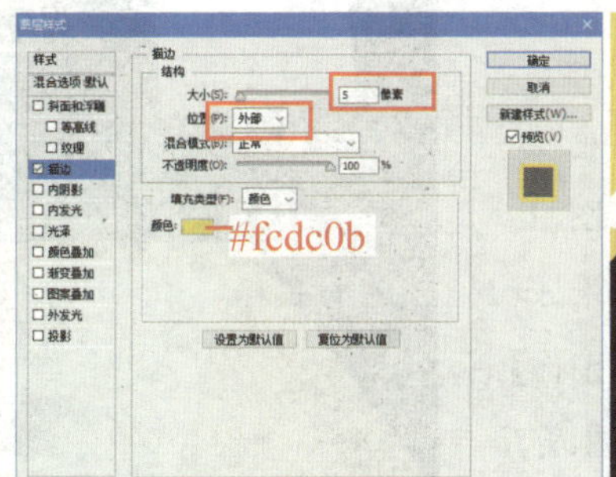

图 8-53　导入滤镜素材

图 8-54　输入并处理标题文字

步骤 8　新建图层，使用“矩形选框工具”[工具图标]在 Logo 图像下方绘制 600×45 像素的矩形选区，填充颜色为 #313131，按【Ctrl+D】组合键取消选区，再将该矩形向下复制 5 次，然后将各矩形垂直居中分布，使各矩形相距 5 像素，如图 8-55 所示。

步骤 9　在“图层”面板中按住【Shift】键选中步骤 8 绘制的矩形，按【Ctrl+E】组合键合并图层，然后将“图层 1 拷贝 5”图层移至“底图”组中，放置在所有图层下方，如图 8-56 所示。

图 8-55　绘制商品参数底图

图 8-56　合并图层并调整图层位置

步骤 10　选择“Logo”图层，选择“横排文字工具”T，设置字体为微软雅黑，字体大小为 72 点，颜色为白色，输入“产品参数”，然后按【Ctrl+T】组合键执行自由变换命令，将文字旋转，使其与底图平行；调整字体大小为 24 点，颜色为 #fcdc0b，在商品参数底图上输入商品详细信息，效果如图 8-57（a）所示；按住【Shift】键选中除背景层外的所有图层，按【Ctrl+G】组合键编组，更改组名为“产品参数”，如图 8-57（b）所示。

（a）　（b）

图 8-57　输入并调整产品参数文字

8.3.2　制作商品特色介绍版块

步骤 1　使用“矩形工具”在商品信息展示版块下方绘制一个 790×800 像素的白色矩形，然后新建图层，使用“多边形套索工具”在白色矩形顶部偏下位置绘制一个高度为 61 像素的梯形选区，填充 #313131 颜色；使用“横排文字工具”T 输入标题文字，效果如图 8-58 所示。其中，“选择它……”文本的字体为方正综艺简体，大小为 48 点（单独将“3”的大小设为 85 点，加粗）；英文文本的字体为微软雅黑，大小为 60 点，字体样式为 Bold。

视频讲解

图 8-58 制作特色版块标题

提示

适当增大标题中数字的大小，可以使标题的重点集中在数字上。此外，将文字横跨两版块，可以增强版块的关联，缓解版块堆叠死板的问题。

步骤 2 使用“椭圆工具”分别绘制 500×500 和 300×300 像素，描边颜色为 #c0c0c0，描边宽度为 4 点的正圆，再按【Ctrl+O】组合键打开本章案例素材“图标 .png”“防污 .png”“防刮 .png”，将素材移动至“详情图”文档合适位置，再将防污和防刮素材分别剪贴到对应的正圆图层上，如图 8-59 所示。

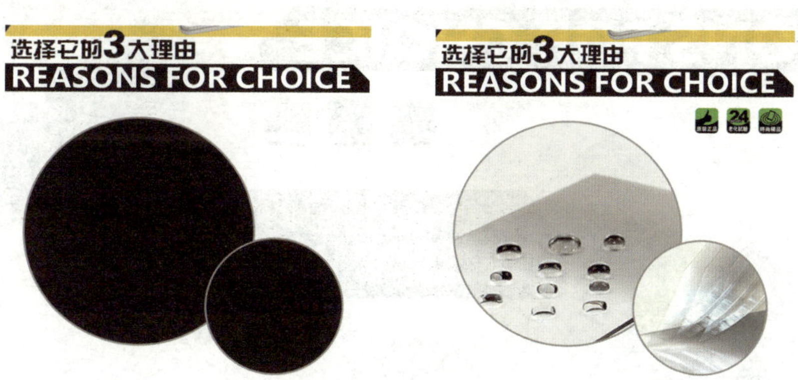

图 8-59 添加并处理图像

步骤 3 在标题下方使用“矩形工具”绘制一个 130×40 像素，填充为 #313131 颜色，无描边的矩形，然后选择“横排文字工具”，设置字体为方正综艺简体，字号为 102 点，字符间距为 204，颜色为 #fcdc0b，输入文字“01”，如图 8-60（a）所示。

步骤 4 按【Ctrl+J】组合键复制“01”图层，将复制后的文字颜色更改为 #313131，然后为其添加图层蒙版；按住【Ctrl】键单击步骤 3 绘制的矩形图层的缩览图制作选区，然后将前景色设为 #313131，按【Alt+Delete】组合键填充图层蒙版，效果如图 8-60（b）（c）所示。

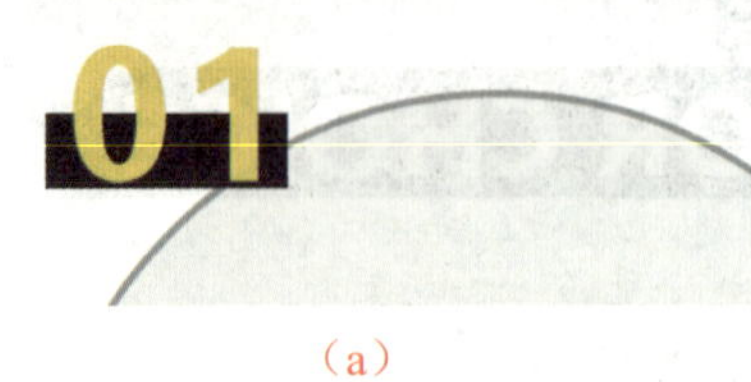

（a）

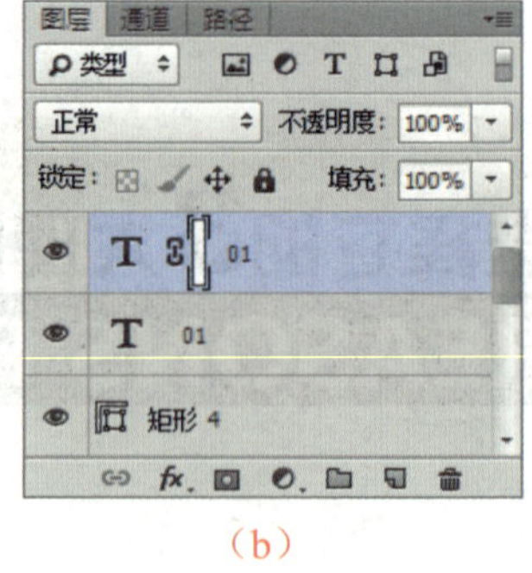

（b）

（c）

图 8-60　制作层级图标

步骤 5　使用“多边形套索工具”在正圆右侧绘制梯形选区，并填充 #313131 颜色，然后使用“横排文字工具”分别输入标题文字和描述文字。其中，标题文字的字体为微软雅黑，字号为 30 点，颜色为 #fcdc0b；描述文字的字体为微软雅黑，字号为 18 点，颜色为 #fefefe，效果如图 8-61（a）所示。

步骤 6　根据步骤 2～5 的方法制作商品特色介绍版块的其他部分（相关素材位于本书配套素材“第 8 章”/“详情图制作”文件夹中），效果如图 8-61（b）所示。

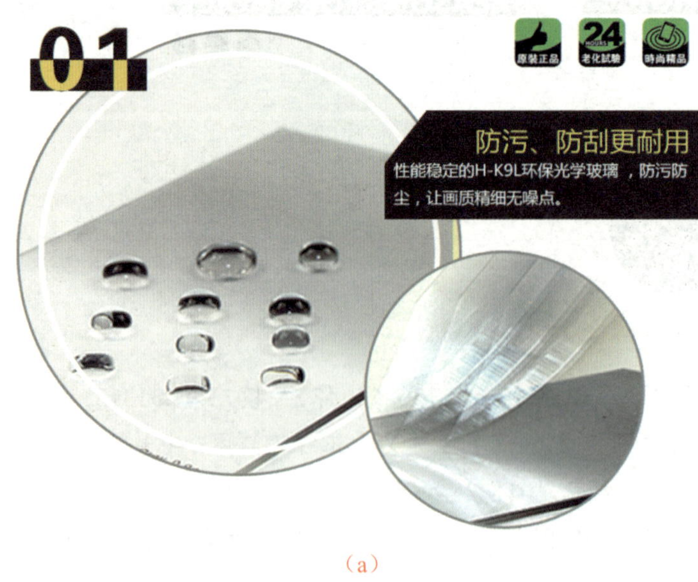

（a）

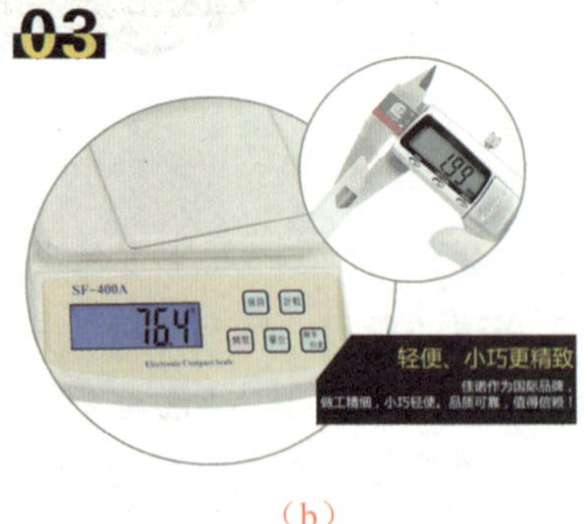

（b）

图 8-61　特色版块最终效果

8.3.3 制作拍摄效果展示版块

步骤1 新建图层，在特色版块下方分别使用“多边形套索工具”[图标]和“矩形工具”[图标]绘制选区，并分别填充白色和#313131 颜色，再使用“横排文字工具”[T]输入标题（字体参数与特色版块标题相同），效果如图 8-62 所示。

视频讲解

图 8-62 制作版块标题部分

步骤2 新建图层，命名为“人物”，在特色版块下方使用“多边形套索工具”[图标]绘制三角形选区并填充 #313131 颜色，再按此方法新建“风景 01”“风景 02”“风景 03”图层，制作选区并填充颜色，效果如图 8-63 所示。

提 示

绘制版块时应保持斜边倾斜角度一致，各版块间距相同。

图 8-63 绘制拍摄展示版块主体部分

图 8-64 添加并处理图像

步骤3 按【Ctrl+O】组合键打开本章案例素材“人物.jpg”“风景 01.jpg”“风景 02.jpg”“风景 03.jpg”，分别剪贴至对应的图层上，效果如图 8-64 所示。

步骤4 使用“横排文字工具”[T]在人物图像与风景 01 图像之间添加摄影作者信息并旋转，以增加产品可信度，然后复制 Logo 图像，将其置于页尾并旋转，使详情图首尾呼应，如图 8-65 所示。到此，便完成了商品详情图的设计。

图 8-65　添加装饰元素

参 考 文 献

[1] 崔建成. 网页美工——网页色彩与布局设计 [M]. 北京: 电子工业出版社, 2016.

[2] 朱言明, 姚兴旺. 网页美工设计 [M]. 重庆: 重庆大学出版社, 2015.

[3] 刘蓉. 网页美工设计 [M]. 广州: 暨南大学出版社, 2015.

[4] 戴文兵, 刘雅琴. 网站建设与管理 [M]. 北京: 高等教育出版社, 2015.

[5] 张俊峰, 朱巍. 让淘宝店铺更吸引人: 精通 Photoshop 网页美工设计 [M]. 北京: 清华大学出版社, 2015.

[6] 安道通. 网页美工设计 Photoshop+Flash+Dreamweaver 从入门到精通 [M]. 北京: 人民邮电出版社, 2015.